JIBING
疾病诊治原色图谱

中蜂 常见病敌害诊治原色图谱

主　编	任　勤	王瑞生	姬聪慧
副主编	高丽娇	陈大福	朱永和
参　编	罗文华	杨金龙	赵红霞
	曹　兰	刘佳霖	程　尚
	荆战星	唐凤姣	颜学强
	向光伟		

机械工业出版社
CHINA MACHINE PRESS

本书在总结国内外中蜂病敌害典型症状及防治的重要经验基础上，以大量图片展示的方式，从病原、流行特点、典型症状、诊断方法、防治措施等方面详细介绍了中蜂病毒病、中蜂细菌病、中蜂原虫病、环境及遗传因素引起的疾病、中蜂敌虫害及中蜂中毒，便于读者自行诊断蜂群症候，及时用药，挽回损失。

本书内容丰富，技术实用，适合广大蜂农、蜂产品生产者和经销商及从事中蜂病害与敌害防治的技术人员阅读，也可供农林院校相关专业的师生学习参考。

图书在版编目（CIP）数据

中蜂常见病敌害诊治原色图谱/任勤，王瑞生，姬聪慧主编. —北京：机械工业出版社，2020.9（2022.5 重印）
（疾病诊治原色图谱）
ISBN 978-7-111-65915-0

Ⅰ.①中…　Ⅱ.①任…②王…③姬…　Ⅲ.①中华蜜蜂 –病虫害防治 – 图谱　Ⅳ.①S895-64

中国版本图书馆 CIP 数据核字（2020）第 107548 号

机械工业出版社（北京市百万庄大街 22 号　邮政编码 100037）
策划编辑：周晓伟　高　伟　责任编辑：周晓伟　高　伟
责任校对：孙丽萍　　　　　责任印制：刘　媛
涿州市般润文化传播有限公司印刷
2022 年 5 月第 1 版第 2 次印刷
145mm×210mm · 3.5 印张 · 95 千字
标准书号：ISBN 978-7-111-65915-0
定价：29.80 元

电话服务　　　　　　　　　　网络服务
客服电话：010-88361066　　机 工 官 网：www.cmpbook.com
　　　　　010-88379833　　机 工 官 博：weibo.com/cmp1952
　　　　　010-68326294　　金 书 网：www.golden-book.com
封底无防伪标均为盗版　机工教育服务网：www.cmpedu.com

前 言

  中蜂养殖是我国的传统养殖项目，更是现代农业的重要组成部分。随着中蜂产业在现代农业中的贡献不断提高，国家对中蜂产业高度重视，中蜂养殖规模发展迅速。特别在国家脱贫攻坚产业发展体系中，中蜂特有的生活习性，使得中蜂养殖成为贫困地区特别是山区农户脱贫致富的重要产业。但是，在应对中蜂囊状幼虫病、欧洲幼虫腐臭病、巢虫等病敌害的危害时，中蜂养殖者常常束手无策或者因防治措施不当而造成损失，养殖积极性受到极大打击。

  鉴于此，编者在参考了大量的文献、专著及基层蜂农病敌害防治经验的基础上，对中蜂常见病敌害的病原、流行特点、典型症状、诊断方法及防治措施进行了总结归纳，形成了比较系统的中蜂病敌害防治方案，并对中蜂中毒及有毒蜜粉源植物做了详细描述，对于广大中蜂养殖者解决养殖过程中遇到的问题具有很强的实际应用价值。

  在此，特别感谢福建农林大学动物科学学院陈大福副院长和广东省生物资源应用研究所赵红霞副所长在百忙之中为本书提供了珍贵的中蜂病害资料，同时感谢重庆综合试验站各示范县技术骨干为本书的编写提供了素材。

  需要特别说明的是，本书所用药物及其使用剂量仅供读者参考，不可照搬。在生产实际中，所用药物学名、常用名与实际商品名称有差异，药物浓度也有所不同，建议读者在使用每一种药物之前，参阅厂家提供的产品说明以确认药物用量、用药方法、用药时间及禁忌等。购买兽药时，执业兽医有责任根据经验和对患病动物的了解决定用药量及选择最佳治疗方案。

　　本书内容丰富翔实,所介绍的病敌害防治方法具有科学性和创新性。但是由于我国地域辽阔,南北气候不同,病敌害存在差异等诸多因素影响,加之编者学术水平和实践经验的局限,书中不妥之处在所难免,在此恳请专家、读者批评指正。

编　者

目 录

第一章

中蜂病敌害典型症状及防治措施

☞ 一、中蜂病敌害典型症状 ☜

中蜂是以群体生活的社会性昆虫，工蜂、雄蜂及蜂王均不能离开群体而单独存活下去，三型蜂各司其职，又相互依赖，缺一不可。因此，不同于其他单独生存的昆虫，中蜂疾病是以整体而言的。在蜂群中，三型蜂的其中一个发病，都可以认为整个蜂群受到病害威胁。中蜂一旦发病，不管是由细菌、病毒还是其他非生物因素引起的疾病，都会表现出其特有的症状，主要有腐烂、变色、花子或穿孔、爬蜂及畸形等。

1. 腐烂

腐烂主要是由病菌、病毒及其他非生物因素导致蜜蜂机体细胞受到破坏，引起蜜蜂机体细胞死亡而产生的症状（图 1-1）。由致病菌引起的腐烂常常带有不同的腐臭气味。

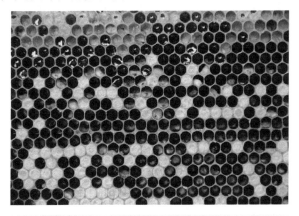

图 1-1　由病害引起的幼虫腐烂

2. 变色

蜂群染病后，不论病原体是细菌还是病毒，都会引起中蜂不同日龄的幼虫或成蜂体色发生变化，通常情况下，由光亮变灰暗，由浅色变深色（图1-2）。

图1-2　染病后的幼虫体色变暗

3. 畸形

对于中蜂个体而言，由致病菌、外界因素等引起的畸形，主要表现为肢体残缺、躯体肿胀等失去个体正常的状态。常见的畸形主要有高低温引起的卷翅、残翅，以及病原引起的个体腹部肿大等（图1-3）。

图1-3　病害引起的中蜂个体残翅

4. 花子、穿孔

在中蜂病敌害典型症状中，"花子"和"穿孔"是最常见的一种症状。此症状不是表现在中蜂个体上，而是表现在蜂群封盖子脾上的变化。正常子脾上，虫龄基本一致，封盖后，子脾整齐，无孔洞。而蜂群一旦染病，巢房中的病虫被工蜂清理出去，蜂王继续在空巢房里面产卵，就会造成在同一脾面上出现封盖子房、幼虫房、卵房等多种情况，形成"花子"（图1-4）。"穿孔"是封盖子脾中的蛹染病后，工蜂将房盖咬出的小孔（图1-5）。

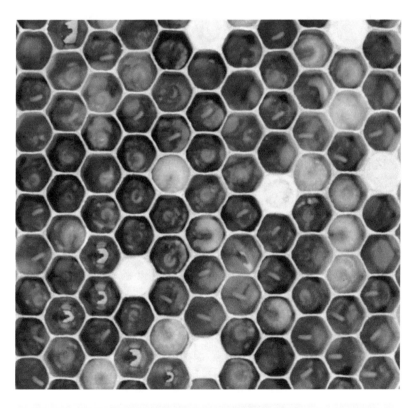

图1-4 病害引起的"花子"现象

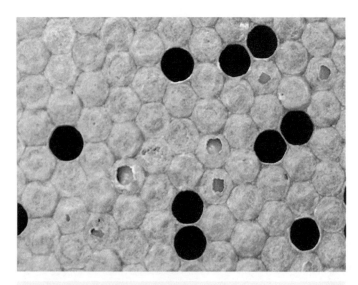

图1-5 病害引起的"穿孔"现象

5. 爬蜂

中蜂在病害及环境因素的影响下,其机体受到侵害,就会变得虚弱。这时可以看到大量的成年蜂在蜂箱周围或者巢门口等地方缓慢爬行,不久便会虚弱死去(图1-6)。

图1-6 病害引起的爬蜂

二、中蜂病敌害防治措施

每一种病敌害的预防和治疗都应该明确病害发生的原因、病原体生活规律、发病过程及病害发生的外界环境因素，搞清楚这些因素对中蜂个体产生的影响，然后采取有效的措施加以预防和治疗。在蜂群病害的防治过程中应采取"以防为主、防治结合"的基本原则。在养蜂生产过程中，实际利用的防治病害的主要方法是蜂群病害检疫、加强饲养管理、抗病蜂种选育及利用药物治疗等。

1. 蜂群病害检疫

对外来中蜂的检疫是防止中蜂病害传播和蔓延的重要手段。中蜂的转地饲养、引种等都可能造成病害的传播，因此，加强对外来中蜂的检疫是防止病害传播的重要手段。到目前为止，我国大多数地方只是流于形式，没有将中蜂检疫工作落到实处，造成病害在不同区域间传播。

2. 加强饲养管理

在中蜂饲养过程中，饲养管理技术的成熟度直接影响到蜂群的健康发展。科学的饲养管理技术，可以在一定程度上提高个体和群体的抗病能力，减少病害对蜂群的危害，提高产品产量和质量。根据蜂群的发育条件及病害的活动规律，制定相应的管理措施，从温度、饲料等环节创造蜂群适宜的生存条件，从而达到减轻病害的目的。

3. 抗病蜂种选育

中蜂在长期的生存进化过程中，形成了其特有的生物学特性，其中包括对疾病或者寄生物的抵抗能力。抗病蜂群的选育，就是要利用蜂群自身的某一种特性（如卫生行为），经过调查、筛选和繁育，使这种能力进一步加强和稳固下来，从而使蜂群免受寄生物或病害的危害。抗病育种能从根本上减少蜂群受病害威胁的程度，对许多病害的预防具有重要意义。

4. 利用药物治疗

利用化学药物可以杀灭或者抑制一些病原物的感染，特别是在利用饲养管理等技术无法防治时。但是长期使用药物进行防治，蜂群容易产生抗药性，影响治疗效果，而且也会对蜂产品造成污染。因此，在病害的防治过程当中，不能经常使用化学药物，应重点采取"以防为主、综合防治"的方针，通过加强饲养管理、抗病蜂群选育等，来增强蜂群自身的抗病能力。

第二章

中蜂病毒病

一、中蜂囊状幼虫病

中蜂囊状幼虫病又称"尖头病"，是病毒侵染肠道而引起的中蜂传染性疾病。中蜂对该病的抵抗力弱，一旦发病会对养蜂场造成很大损失。我国曾大面积暴发该病，许多蜂场遭受了毁灭性损失。该病是中蜂主要病害之一。

【病原】

囊状幼虫病的病原是囊状幼虫病病毒。该病毒属于肠道病属，对外界环境的抵抗力不强，温度高于60℃的时候不能存活，阳光直射下4～7小时即可被杀死，但是在巢脾中可存活3～4个月。如果预防措施不当，该病在蜂群中可反复发生。

【流行特点】

囊状幼虫病的发生具有明显的季节性，多发生于春繁阶段的2～4月，秋季时有发生。该病的发生与外界环境、饲养条件有密切的关系，春季多雨潮湿、饲料不足、缺乏保温等是诱发该病的重要因素。随着气温的回暖，病害会明显减轻，染病不严重的蜂群常常会自愈。该病在秋季很少发生，但遇到和春季相似的外界环境时，也可以见到病虫。

囊状幼虫病具有较强的传染性，患病幼虫及工蜂是该病的主要感染源，通过消化道感染是病毒进入蜜蜂体内的主要途径。工蜂在饲喂幼虫时可将病毒传染给幼虫，或者工蜂采集了受污染的花蜜，将病毒带入蜂群。另外，盗蜂、迷巢蜂、雄蜂等可造成该病在群间传播。此外，在平时的饲养管理过程中，不注重蜂具消毒、个人卫生或任意调换巢脾等行为也可将病毒传给健康的蜂群。

【症状】

囊状幼虫病病毒容易感染2~3日龄小幼虫，潜伏期为5~6天，因此，患病幼虫一般都在封盖后死亡。发病初期，被病毒感染的小幼虫即被工蜂清理掉，蜂王重新在巢房内产卵，从而导致巢房内虫龄不一，出现卵、幼虫、封盖子排列不规则的情形，形成明显的"花子"和"穿孔"现象（图2-1）。幼虫感染严重时，由于蜂群群势太弱，工蜂无力清除病虫，则会出现典型的"尖头"现象（图2-2）。后期被感染虫体的水分不断蒸发，形成黑褐色的鳞片，贴于巢房一侧。腐烂的虫体没有黏性，无臭味，容易清除（图2-3）。

成年蜂被病毒感染后，没有明显的症状，但是体内携带有大量的病毒粒子，机体受到一定危害，寿命缩短。

图2-1 囊状幼虫病危害形成的"花子"和"穿孔"现象

图2-2 囊状幼虫病典型的"尖头"现象

图2-3 虫体失水后形成的黑褐色鳞片

【诊断】

（1）**症状诊断** 在饲养管理过程中主要结合病害发生的流行病学特

点进行综合诊断。如果蜂箱门口有被工蜂拖出的病死幼虫（图2-4），应打开蜂箱检查，若发现有囊状幼虫病的典型症状——"尖头"（图2-5），则取出幼虫，当幼虫末端具有小囊（图2-6），而且囊内充满液体（图2-7）时，可以初步诊断为囊状幼虫病。

图2-4　被工蜂拖出的病死幼虫

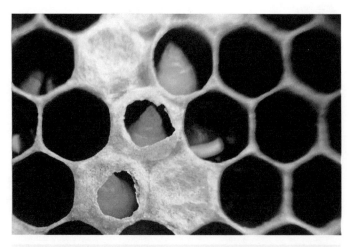

图2-5　囊状幼虫病典型症状——"尖头"

图2-6 病虫末端的小囊

图2-7 囊内充满液体

（2）**实验室诊断** 对染病蜂群取样，在实验室进行镜检，发现囊状幼虫病毒粒子，即可确诊。

【防治】

（1）**加强预防** 在饲养管理过程中要注重蜂场、蜂具等器物的消毒，减少病原感染的可能性。蜂场可用10%～20%的石灰乳喷洒消毒，将蜂箱周围的脏物及蜂尸清理干净并深埋或者焚烧掉。在更换蜂箱、蜂具时也要进行彻底消毒，蜂箱可以用75%酒精喷洒消毒，或者用福尔马林蒸气消毒。将蜂箱置于日光下暴晒也可以起到杀死病毒的作用，有条件的话，将蜂箱置于密室用紫外线进行消毒。养蜂人员用的蜂衣、蜂帽及一些小工具可以直接煮沸1~2小时进行消毒处理。平时管理时，可以提前给蜂群饲喂一些防治病毒的中草药进行预防。

（2）隔离处理 一旦发现蜂场有蜂群患病，应及时将其搬运到2千米以外的地方隔离治疗，同时对病群附近的蜂群给药进行预防。对隔离的蜂群及时处理，抽出染病严重的巢脾销毁，并将蜂箱用消过毒的蜂箱替换，并给药进行药物治疗。利用药物无法治疗的病群，应将整群进行焚烧或者深埋处理（图2-8）。管理人员在处理完病群后，必须对自身用过的工具进行消毒处理，而且要用肥皂洗手，才能再对其他蜂群进行检查，以防止病毒传播。

图2-8　对患病严重用药无法治疗的蜂群进行焚烧处理

（3）加强管理 科学的饲养管理方式可以大大降低蜂群患病的可能。根据囊状幼虫病流行规律，在春季气温较低时，应将弱群合并饲养，保持蜂多于脾；气温降低时，对蜂群进行适当的保温（图2-9）；也可通过换王或幽王的形式断子，减少幼虫，防止病毒进一步传染；同时对蜂群饲喂充足的饲料，特别是蛋白质饲料（图2-10）。

图2-9　蜂箱保温

图2-10　对蜂群饲喂花粉

（4）抗病选育 在平时的饲养管理过程中，如果发现对病害抵抗能力比较强的蜂群，可对其进行人工育王，替换其他抵抗能力低的蜂群的蜂王，经过连续几代选育，可以提高蜂群整体抗病能力。

（5）药物防治　由于囊状幼虫病目前没有特效药可以治疗，因此在囊状幼虫病高发季节主要通过加强饲养管理，同时采取药物防治的措施。在选用药物时主要以中药为主，以下几种中药配方效果良好，可用来预防囊状幼虫病的发生。

方1：半枝莲（又名狭叶韩信草）50克。

方2：五加皮50克，金银花25克，桂枝15克，甘草6克。

方3：贯众50克，金银花50克，甘草10克。

方4：虎杖30克，金银花30克，甘草12克。

方5：穿心莲60克。

方6：华千金滕（又名海南金不换）10克。

方7：七叶一枝花0.3克，五加皮0.5克，甘草0.2克。

上述配方经煎煮、过滤、浓缩，配成1∶1糖浆饲喂，每群每次喂500毫升，连续或隔日喂，饲喂量以蜜蜂当日吃完为宜，4～5次为1个疗程，一般2～3个疗程即可。

【诊治注意事项】

囊状幼虫病的发生与环境因素有很大关系，因此在囊状幼虫病易发季节要加强蜂群的保温及防潮措施，一旦发现蜂群患病应及时隔离治疗，并将感染的巢脾等销毁，对蜂具进行彻底消毒处理。养强群，常年保持蜂多于脾，提高蜂群抵抗能力，尽量避免使用化学药物进行治疗。

二、中蜂麻痹病

中蜂麻痹病是由病毒引起的一种感染成年蜂的疾病，又称"瘫痪病""黑蜂病"，有慢性和急性之分。该病主要在潮湿、高温的环境下容易发生。在我国春季、秋季发生的成年蜂病中，该病占有很大比例。

【病原】

引起该病的病原为蜜蜂麻痹病病毒。该病毒在30℃的时候致病性最强，在工蜂的死尸中，可以存活 2 年之久，在 90℃ 以上的高温下才能被杀死。

【流行特点】

麻痹病的发生与环境密切相关，一年内有明显的两个发病高峰期，一是春季的 1～2 月，二是秋季的 9～10 月。该病主要通过食物、工蜂间的接触、饲养不当等因素传播。在早春的时候由于气温较低，外界潮湿，蜂群群势弱，病毒引起的感染主要以"大肚型"为主。到了夏秋后，由于气温较高，蜂群活动频繁，则以"黑蜂型"为主。

【症状】

蜜蜂麻痹病病毒主要侵染中蜂的神经系统，根据病毒感染后病蜂表现的症状，可将其分为"大肚型"和"黑蜂型"两种。

(1) 大肚型 染病的工蜂腹部膨大，体内充满液体，失去飞翔能力，行动迟缓，身体和翅膀不停地颤抖，在巢门口地上爬行，也可见在蜂箱底部爬行，呈麻痹状态，常被健康工蜂追咬（图 2-11）。

图 2-11 染病后呈现"大肚型"的病蜂

(2) 黑蜂型 染病工蜂躯体瘦小，常被健康蜂逐出巢门之外，到后期则体表发黑，绒毛脱光，腹部收缩，像油炸过的一样（图 2-12），并且伴有颤抖，失去飞翔能力，不久便衰竭死亡。

对病蜂解剖可以看到蜜囊充满蜜汁，膨大；中肠呈白色，失去弹性；后肠充满褐色粪便，并伴有下痢现象。

图2-12　染病后呈现"黑蜂型"的病蜂

【诊断】

根据流行病学及典型症状做综合诊断。如果发现蜂箱前或蜂箱底有腹部膨大或头部和腹部发黑的病蜂，并且躯体颤抖缓慢爬行，再结合流行季节，即可做出诊断。

【防治】

麻痹病的防治方法可以借鉴囊状幼虫病的防治方法。另外，根据发病的因素可以采取以下措施。

(1) 防潮　在阴湿的季节应将蜂群摆放在阳光能照射到的地方（图2-13）。

(2) 补充饲料　尤其是在春季，通过给蜂群补足蛋白质饲料，提高蜂群对病害的抵抗能力（图2-14）。

图 2-13 蜂群摆放在向阳的地方

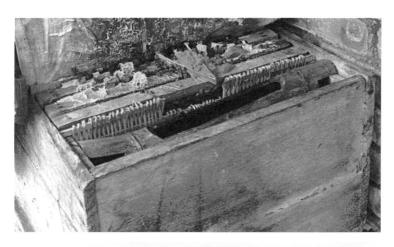

图 2-14 补充蛋白质饲料

（3）**更换蜂王** 发现蜂群有发病的征兆，应该及时培育蜂王，将患病群的蜂王替换掉（图 2-15）。

图 2-15　介绍新王给蜂群

（4）硫黄驱杀　硫黄粉对病蜂有驱杀作用，将硫黄粉撒在巢框或者蜂箱底部（图 2-16），都可以有效控制麻痹病的发展，每次每群 10 克左右的硫黄粉即可。

图 2-16　撒硫黄粉在框梁上

（5）药物治疗　可以利用具有杀毒作用的中草药进行治疗，以下几种配方效果良好。

方1：在1:1糖液中加入3%的蒜汁，每晚每群喂300~600克，连续7天，停药2天，再喂7天，直至病情得到控制。

方2：贯众9克、山楂20克、大黄15克、花粉9克、茯苓6克、黄芩8克、蒲公英20克、甘草12克，加水1500毫升煎熬半小时后滤渣，取药液加白糖1千克，可治疗5个群蜂。傍晚用小壶顺蜂路浇药液，连续喂4次。

方3：山楂25克、厚朴25克、云林25克、贡术25克、泽泻25克、莱菔子25克、生军25克、丁香25克、丑牛25克、甘草5克，加水3000毫升煎熬半小时后滤渣，取药液加入饱和糖浆5千克，可喷喂100脾蜂，3天喂1次，病情好转后停止用药。

【诊治注意事项】

麻痹病一般通过食物在蜂群内进行传播，通过盗蜂及巢脾调换等进行群间传播，因此在蜂群患病后一定要找出传播途径，否则将达不到治疗效果。在蜂群管理时，一定不能将患病群的巢脾调到其他蜂群，同时也要注意卫生管理。对蜂群饲喂时，要选择优质饲料饲喂。发现蜂群患病后要及时隔离并同步进行药物治疗。

第三章

中蜂细菌病

☞ 一、欧洲幼虫腐臭病 ☜

欧洲幼虫腐臭病是一种细菌性传染疾病，在蜂群中主要感染幼虫。其传播快、危害大，是威胁中蜂发展的主要病害之一，在全国范围内均有发生。

【病原】

欧洲幼虫腐臭病的病原菌是蜂房蜜蜂球菌，为革兰氏阳性菌。患病幼虫体内还有其他次生菌存在，这些次生菌能够加快幼虫死亡。蜂房蜜蜂球菌能在幼虫的干尸中长期存活。

【流行特点】

欧洲幼虫腐臭病的发生具有明显的季节性。一年当中有两次比较集中的发病高峰期，一是在春季的 3～4 月，二是在秋季的 8～10 月，基本上与蜂群的春繁和秋繁保持一致。繁殖期随着蜂王产卵量不断增加，群内幼虫也越来越多，需要的营养也随之增加，同时工蜂哺育力下降，幼虫染病后，工蜂不能及时将其清理掉，病害就会逐渐严重。此病的主要传染源就是子脾上的病虫，病原主要通过消化道进入蜜蜂体内，在肠道中进行繁殖。随着气温的不断升高、蜂群内部新蜂的增多以及流蜜期的到来，群内幼虫数量逐渐减少，随着时间推移，此病往往能够自愈。

【症状】

欧洲幼虫腐臭病一般感染 1～2 日龄的幼虫，经 2～3 天的潜伏期后，出现症状，幼虫往往在 3～4 日龄未封盖时死亡。染病后的幼虫失去光泽，表面发黄，虫体蜷曲，有的萎缩在巢房底部。死亡后的幼虫会慢慢腐烂，

20

尸体具有黏性，而且发出酸臭味，但不能拉丝（图3-1），这有别于发生在西蜂中的美洲幼虫腐臭病（感染该病的幼虫腐烂后能拉丝）。虫体干后变为深褐色（图3-2），易从巢房中取出。发病初期，患病幼虫会被工蜂及时清理掉，蜂王再次在巢房中产卵，随之巢脾上会出现日龄不一致的幼虫随机分布在巢房内，形成"花子"现象（图3-3）。患病严重时，整个巢脾上看不到蜂盖子，幼虫全部死亡，腐烂发臭，造成蜂群飞逃（图3-4）。

图3-1　感染欧洲幼虫腐臭病的幼虫

图3-2　死亡后已干的深褐色幼虫

图3-3 蜂群染病后形成的"花子"现象

图3-4 患病严重时的幼虫

【诊断】

(1) 症状诊断 如果发现蜂群染病，提出子脾，看到具有欧洲幼虫腐臭病的典型症状"花子"现象（图3-5），或者虫体出现变色、腐烂，再结合病害流行规律，可以做出初步诊断。

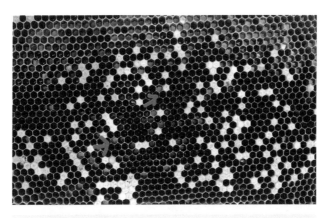

图3-5 欧洲幼虫腐臭病引起的"花子"现象

（2）实验室诊断 对染病蜂群取样，在实验室进行镜检，即可诊断出病原体种类，然后确诊。

【防治】

（1）加强饲养管理 欧洲幼虫腐臭病的发生和蜂群内部结构及外界环境有密切的联系，因此在管理过程中，尤其在该病的高发季节应该保持蜂多于脾（图3-6）、适当保温（图3-7）、留足充足的饲料（图3-8）等，也可以结合使用药物对病害进行预防，以此来提高蜂群抵抗病害的能力，从而减少病害发生的可能。

图3-6 保持蜂多于脾

图3-7 对蜂群进行适当保温

图3-8 蜂群中留足充足的饲料

(2) 消毒预防 在平时的管理过程中要及时对蜂具、蜂场等定期进行消毒处理，防止病害的传播。如果发现少数蜂群发病，可将受感染的巢脾销毁，并对感染的蜂具进行彻底的消毒处理。具体的消毒方法如下。

1）蜂箱消毒。蜂箱的消毒方法很多，这里介绍几种比较容易操作的方法。一是用75%的酒精喷洒蜂箱（图3-9），然后封闭处理1~2小时；二是将蜂箱打扫清理干净，然后将其置于强烈的阳光下暴晒1天左右（图3-10）；三是利用配制好的5%漂白粉溶液（或5%石灰水）对蜂箱进行喷洒消毒或者浸泡消毒（图3-11）。此外，还有水煮、紫外线照射等消毒方法。

图3-9　利用酒精对蜂箱消毒

图3-10　利用日光暴晒对蜂箱消毒

图3-11 蜂箱浸泡消毒

2）巢脾消毒。空巢脾的消毒可参考蜂箱的消毒方法，但要注意，巢脾消毒不能利用火烤、暴晒和煮沸的方法。

3）蜂场消毒。蜂场的消毒处理可采用5%漂白粉溶液、石灰粉或者石灰乳，用漂白粉溶液对蜂场进行喷洒消毒或者将石灰粉撒在蜂场周围进行消毒。

（3）换王断子 采取换王或幽王断子的方法，减少巢内幼虫数量，使工蜂有足够的时间对巢房进行清理，而且新的蜂王产卵快，也可以促使工蜂更快地对巢房进行清理，尽快恢复蜂群健康（图3-12）。

图3-12 幽王断子

（4）**抗病种群选育** 在平时的饲养管理过程中，如果发现对病害抵抗能力比较强的蜂群，对其进行人工育王，替换其他抵抗能力低的蜂群的蜂王，经过几代的定向选育，可以提高蜂群的整体抗病能力。

（5）**药物治疗** 每10脾蜂用红霉素0.125克、交沙霉素0.5克或头孢氨苄0.125克，研磨成粉状，伴入1:1的糖浆中饲喂蜂群，每2天喂1次，5~7次为1个疗程。还可以利用抗菌消炎中草药进行治疗，具体配方和使用方法如下。

方1：黄芩10克、黄连15克，加水250毫升，煎至150毫升，可脱蜂喷10个巢脾，隔天1次，连续3次。

方2：黄连20克、黄柏（黄檗）20克、茯苓20克、大黄15克、金不换20克、穿心莲30克、金银花30克、雪胆30克、青黛20克、桂圆30克、五加皮20克、麦芽30克，加水2500毫升，煎熬半小时后滤渣，取药液加入3千克饱和糖浆，可喂80脾蜂，每3天喂1次，4次为1个疗程。

【诊治注意事项】

欧洲幼虫腐臭病传播快、危害性大，一年四季均有发生。如果发现蜂群感染了欧洲幼虫腐臭病，应及时进行处理。患病严重的蜂群，应该将蜂箱、巢脾全部换掉，调入健康成熟封盖子脾，更换出来的染病巢脾全部焚烧或深埋。同时，将蜂王关闭起来或者更换新王，减少巢内幼虫数量，再结合药物进行治疗。用药要合理，采收季节45天前应该停药，防止药物残留。

二、蜜蜂副伤寒病

【病原】

蜜蜂副伤寒病也叫"下痢病"，是由蜂房哈夫尼菌引起的一种成年蜂病害。该病在世界范围内都有发生，对蜂群的发展造成很大影响。

【流行特点】

蜜蜂副伤寒病是蜂群越冬期的一种传染病，常见于冬末、春初，造成成年蜂严重下痢死亡。该病主要通过工蜂采集到的污水、受污染的饲料等进行传播，引起蜂群染病，另外，养蜂人员的调脾或盗蜂及迷巢蜂等都可以造成该病的传播。

【症状】

患病蜂腹部膨大、体色发暗、行动迟缓、体质衰弱，有时肢节麻痹、腹泻等，患病严重的蜂群箱底或巢门口死蜂遍地，而这些症状在其他病害中也常常遇到。患病蜂群在早春时，排出许多非常黏稠、半液体状的深褐色粪便。病蜂排泄物大量聚集之处，发出令人难闻的气味。拉出病蜂的消化道观察，可见肠道呈灰白色，肿胀无弹性，其内充满棕黑色的稀糊状粪便。

【诊断】

如果发现工蜂腹部膨大、体色发暗、行动迟缓、肢节麻痹、腹泻等症状，可开箱检查巢脾被粪便污染的情况，并解剖肠道，若发现肠道呈灰白色、肿胀无弹性、其内充满棕黑色的稀糊状粪便的病理变化，结合流行病学特点基本可以做出诊断。

【防治】

(1) 加强饲养管理　越冬期间留用优质饲料，选择背风向阳、地势干燥的地方作为越冬场地，周围水源清洁，晴暖天气促使蜜蜂及时飞翔排泄。

(2) 药物防治　在加强饲养管理的同时，可采取以下药物进行预防和治疗。

1）氟哌酸（诺氟沙星）0.05 克或复方新诺明 0.5 克，混入 500 毫升 1:1 糖浆中，喂蜂 10 脾，每天喂 1 次，连续喂 5~7 次。

2）蒲公英 50 克、菊花 20 克、穿心莲 15 克，加水煎至 250 毫升（一边煎，一边加水），取药液加入 1 千克饱和糖浆，可喂 10 脾蜂，每 3 天喂 1 次，4 次为 1 个疗程。

【诊治注意事项】

患病工蜂主要症状是腹部膨大、体色变暗、行动迟缓、体质衰弱、下痢。当病情严重时，在巢脾上、巢门口、蜂箱壁上均能看见蜜蜂排出的稀粪便。其症状与慢性麻痹病、孢子虫病等症状有相似之处，因而在诊断时应注意区别。

第四章

中蜂原虫病

一、微孢子虫病

微孢子虫病是严重危害中蜂蜂群的一种原虫病，由微孢子虫引起，主要破坏中蜂的消化系统。该病经常与其他病原一起侵染蜂群，造成并发症。发病的成年蜂寿命缩短，采集能力明显下降，影响蜂群的发展和蜂产品的生产，给养蜂者带来很大损失。

【病原】

微孢子虫病的病原为蜜蜂微孢子虫。微孢子虫常常以孢子的形态存在，而且对不良外界环境有很强的抵抗能力，一般通过食物进入中蜂体内。

【流行特点】

中蜂微孢子虫病的发生季节性不明显，长年均可发病，但春季和冬季发病率较高。春季蜂群开始繁殖，大量摄入花粉，此时最容易被微孢子虫感染；夏秋季节由于有较好的蜜粉源，食物新鲜，另外高温也可以抑制孢子虫的增殖，蜂群受感染的概率比较低；越冬后，由于工蜂很少出巢排泄，而且常伴有下痢发生，容易使越冬蜂群感染，严重时造成蜂群越冬失败。受侵染的病蜂是该病的主要传染源，孢子虫随粪便排出体外，污染饲料、水源及各种蜂具。同时，迷巢蜂、盗蜂也能促使该病的传播。

【症状】

被孢子虫侵染的病蜂往往没有明显的外观疾病症状。解剖病蜂能够发现，中肠由黄色变为灰白色，失去弹性，易破裂。微孢子虫可引起工蜂寿命缩短，机体某些功能发育不完全，哺育及采集能力下降，部分蜂群还同时伴有下痢，排深黄色和褐色带有腥臭味的粪便（图4-1）。病蜂多集中在巢脾下边缘和蜂箱底部，有的病蜂在蜂箱巢门前和场地上无力爬行。

图4-1　病蜂排出的黄褐色粪便

【诊断】

由于患病蜜蜂没有典型的外观症状，所以微孢子虫病只能借助实验室方法进行诊断。

（1）解剖观察　微孢子虫病主要危害工蜂的消化系统，中肠病理变化引起的症状比较明显。当有可疑蜂群患微孢子虫病时，可以取新鲜病蜂数只，剪去头部，用镊子或手夹住工蜂尾部末节拖拽取出中肠。健康工蜂的中肠呈赤褐色，不膨大，环纹明显，并具有弹性和光泽。如果工蜂中肠膨大，呈灰白色，环纹模糊，失去弹性，即可初步诊断为患微孢子虫病（图4-2、图4-3）。

图4-2　患微孢子虫病蜜蜂的肠道

图4-3　健康中蜂的肠道

（2）病原学检查　由于微孢子虫孢子的物理光折射性较强，在光学显微镜下可直接观察，因此将患病工蜂的中肠部位置于显微镜下，如果看到许多类似椭圆形的粒子（图4-4），即可确诊。

图4-4　显微镜下的微孢子虫的孢子

【防治】

由微孢子虫侵染而患病的蜂群，病蜂没有明显的外观症状，在平时的管理过程中应采取预防为主、综合防治的方法。

（1）蜂具消毒 对受感染蜂群使用的蜂箱用2%～3%的氢氧化钠溶液清洗，然后置于太阳下晒干；将巢脾置于蜂箱内，密封起来，然后在蜂箱底部放置80%的福尔马林或者醋酸溶液熏蒸几小时，即可杀死孢子；也可将蜂箱和空巢脾放在温度为49℃、湿度为50%的环境下密闭24小时，消灭孢子的活力；其他的管理用具直接用水煮进行消毒。

（2）加强饲养管理 饲养管理过程中，针对微孢子虫病发生的环境及蜂群内部因素采取合理的管理措施，可以防止微孢子虫病的传播和增殖，减少微孢子虫病的危害。

1）秋季换王。在秋繁的时候保证群内有优质多产的蜂王，多培育适龄越冬蜂，保证蜂群能顺利越冬（图4-5）。

图4-5 培育适龄越冬蜂

2）留足饲料。在蜂群越冬后，要保证有足够的优质饲料，春季繁殖的时候也要保证蜂群内饲料充足，尤其是蛋白质饲料。另外，孢子虫在碱性条件下容易增殖，因此在对蜂群饲喂时可以添加柠檬酸等，提高饲料的酸度，抑制孢子虫的侵入和增殖。

3）促使排泄。在越冬期或者早春，在天气温和的时候，及时促使工蜂出巢排泄，避免发生下痢（图4-6）。

图4-6　促使工蜂出巢排泄

4）保温防潮。越冬、春繁的时候蜂箱尽量摆放在干燥向阳的地方，并且进行适当的保温（图4-7）。

图4-7　蜂群箱内保温

（3）药物治疗　使用药物治疗时可以利用以下药物或者配方。

1）普罗托非。普罗托非是利用乙醇从多种植物中萃取出来的天然产品，可干扰微孢子虫的发育，且中蜂不会对添加了普罗托非的饲料产生拒食现象。普罗托非也不会在蜂产品中出现残留，可用于防治中蜂微孢子虫病。使用方法是将普罗托非20毫升混于1000毫升的糖浆中，或将40毫升普罗托非拌入1千克的糖饼中，春季可饲喂糖饼药剂和糖浆药剂，秋季饲喂糖浆药剂，每季饲喂2~4次。

2）灭滴灵和病毒灵。灭滴灵和病毒灵搭配治疗，每10个蜂群各取10片灭滴灵和病毒灵，研磨粉碎，混于150毫升温开水中，再加适量糖浆，充分搅匀后，每天傍晚喷洒于巢脾上，连续喷洒3~4次，一般可痊愈。若没有痊愈，可再行喷洒。

3）保蜂健粉剂。根据使用说明将1包药粉溶于500毫升糖浆内，傍晚对蜂群喷喂，隔天1次，3次为1个疗程，可治疗2~4个蜂群。间隔10~15天可进行第2个疗程治疗。

【诊治注意事项】

该病传染性比较强，目前市场上用的药物烟曲霉素对防治微孢子虫病有效，是目前北美合法登记的防治微孢子虫病的药剂。但它是由烟曲霉菌产生的抗生素，欧盟法规禁止在防治蜂病上使用抗生素，日本对进口蜂产品中抗生素残留也有严格限量，故在治疗时应尽量避免使用此类药物。

二、中蜂爬蜂综合征

爬蜂综合征是中蜂饲养过程中经常碰到的一种常见病，其传播快、危害大，严重威胁养蜂生产。此病目前已经成为我国大面积流行、对蜂群造成较大损失的一种病害。

【病原】

引起中蜂爬蜂综合征的病因十分复杂，有生物性的，也有非生物性的。在对该病病原的研究中发现，中蜂爬蜂综合征是由多种病原及其他环境等因素共同作用的结果。其中微孢子虫被认为是引起中蜂爬蜂综合征的主要因素之一。饲料的好坏也是引起中蜂爬蜂综合征的主要因素，不好的饲料容易引起工蜂消化不良而导致出现爬蜂。在早春天气多变的条件下，由于保温不当、饲料不足，中蜂个体体质下降，抗病力不高，易引起爬蜂。

【流行特点】

爬蜂综合征的发病具有较强的季节性，一般从早春开始，3~4月达到高峰，进入夏季时开始减轻，到秋季基本自愈。温度、湿度对其影响很大，气温在15℃时易发病，当气温达到20℃时，病害消失。当遇到连续降雨、外界及巢内湿度高时，中蜂久居巢内，常常导致发病。病害的发生也与春繁过早有关，早春气温低，如果保温太严实，空气不能流通，易造成蜂箱内部潮湿、闷热，给病原体提供了繁殖条件，造成发病。此外，在对蜂群进行饲喂时，使用劣质饲料，不仅造成新蜂体质差，还加重了成年蜂的代谢负担，使蜂群抵抗病害的能力下降，从而出现爬蜂症状。

【症状】

患爬蜂综合征的多为中青年采集蜂。蜂群发病前期表现为烦躁不安，不外出采集，大都集中于纱盖、框梁、箱底；护脾能力差，大量成蜂坠落箱底。发病的中蜂行动迟缓，腹部拉长，前期呈跳跃式飞行，后期失去飞行能力，在地上爬行，直到死亡（图4-8）。死蜂吻伸出，翅

图4-8　患爬蜂综合征的蜜蜂个体

张开，后腿不带花粉团，死蜂大多散布在蜂箱前或者在周围草丛中（图4-9）。

图4-9 掉落在巢门前的死蜂

【诊断】

死蜂双翅展开，吻伸出，有的腹部膨大，有的反而缩小（图4-10）。

图4-10 死亡病蜂

拉出死蜂肠道观察，膨大的中肠有积水，失去弹性，环纹不明显，后肠有棕色、深褐色或黑色积粪，并有恶臭味，也有部分死蜂后肠没有积物和粪便（图4-11）。发病后的病蜂表现为烦躁不安，有的下痢，护脾能力减弱，病害严重时，大量幼年蜂爬出巢外，在巢门前爬行，直至死亡。

图4-11 染病后的病蜂肠道

【防治】

爬蜂综合征的形成原因比较复杂，在进行防治时应采取综合防治的方法，主要以饲养管理为重点，结合药物治疗。

（1）**蜂具消毒** 对全场使用的蜂箱、蜂衣及其他设备进行全面消毒处理，做好预防工作。

（2）**培育青年蜂** 在秋季生产季节，在保证产量的同时，注重培育一批适龄越冬蜂，保存蜂群实力，为蜂群安全越冬提供保障。

（3）**饲喂优质饲料** 秋末的时候要留足蜂群越冬所需饲料，特别要保留一定的天然花粉，为来年春繁做好准备。需要人工饲喂时，一定要保证所用花粉或者人工代用花粉制品的质量，不能使用发霉变质的花粉（图4-12）。

图 4-12 发霉变质的花粉

（4）**促进排泄** 越冬期或者早春挑选天气晴暖、温度适宜的时候促使工蜂及时飞翔排泄。

（5）**保温通风** 冬季及早春要对蜂群进行适当保温，并保证保温后的蜂群能够通风，避免蜂群内部闷热，而且要对蜂群内部保温物定期进行检查，如果发现潮湿发霉，应及时更换。冬季及早春将蜂群摆放在干燥、向阳、通风的地方（图 4-13）。

图 4-13 蜂群摆在通风向阳的地方

(6) 药物治疗 根据病害严重程度可以采取以下药物或配方进行治疗。

1) 复合酸性糖浆。1000 克糖浆（糖水比为 1:1）中加入柠檬酸 1 克或米醋 50 毫升，再加入 10 万~15 万单位林可霉素后饲喂。在气温升高以后，每天傍晚饲喂，每群每次 300~500 克。

2) 大黄滤液。大黄 10 克，用 300 毫升的开水泡 3 小时后倒出药液，再冲入开水 200 毫升，泡 2 小时后倒出药液，继续用 200 毫升开水泡药渣 1 小时后倒出药液。3 次药液混合过滤，喷病脾，每脾 30 毫升左右，隔 2 天再喷 1 次。若患病蜂群病情严重，可 2 天后再喷 1 次。

3) 爬蜂停。爬蜂停 1 包加水少许化开兑入 250~500 克糖浆中，调均匀后喂蜂，每群每次喷喂 250 克，隔 2 天喷喂 1 次，连续 3~4 次为 1 个疗程。

4) 抗病毒药物。1000 克糖浆（糖水比为 1:1）中加入抗病毒 862 或抗病毒 1 号 3 克，再加入多酶片 5 片，研细调匀后喂蜂。每群每次 400~500 克，隔 2 天喂 1 次，连续 3~4 次为 1 个疗程，效果较好。

【诊治注意事项】

爬蜂综合征是多病并发，致病原因复杂，在治疗时一定要弄清楚病因，对症下药。该病没有特效药用来治疗，因此在蜂群繁殖季节，应从蜂群管理上及时预防。在蜂群进入繁殖期后，应少取蜜或不取蜜，一旦出现下痢或爬蜂应及时治疗。

第五章

环境及遗传因素引起的疾病

一、卷翅、残翅

造成中蜂卷翅、残翅的主要原因是气温过高或过低导致幼虫发育不正常，尤其是巢内饲料缺乏时发病会更严重。温度是中蜂生存和发展的主要环境因素之一，不适宜的温度变化会对蜂群造成伤害，这也是蜂群发生病害的主要诱因。

【诱因及症状】

中蜂卷翅、残翅多发生于粉源比较充足的季节，主要表现为刚羽化出房的幼蜂翅尖卷曲、折皱或者残缺（图5-1），严重的两对翅膀完全卷曲。得病的幼虫多出现在蜂巢外围的边脾上面，常在第一次出巢飞行时掉落死亡。

图5-1　高温引起的残翅

【预防措施】

防止卷翅、残翅要在日常管理上下功夫，应常年保持蜂多于脾，保证蜂群内部对温度的调节能力；选择阴凉靠近水源的地方作为蜂群越夏场地，特别要避免将蜂群放在烈日直晒的地方；蜂场无天然遮阴物时，应架设凉棚或在蜂箱上加遮挡物遮阴（图5-2）；调节箱内温湿度，在卷翅病发生时期，可采取蜂群内喂水的办法来调节群内湿度；在气温不稳定的时期，应该做好保温或者降温工作；平时管理时不宜常开箱检查，以免影响巢内正常温度。

图5-2　对蜂群进行遮阴

【诊治注意事项】

在高温季节采取加强蜂群通风或者遮阴的方式，降低温度对蜂群的伤害，低温季节进行适当的保温，防止蜂群受到冻伤。一年四季应该保证蜂群内蜂多于脾，使蜂群有足够的工蜂进行巢内温度调节，降低蜂群损失。

二、卵或幼虫高低温致死

【诱因及症状】

持续的高温或者低温使蜂群失去温度调节能力是引起卵或幼虫受到伤害和死亡的主要原因。在持续高温或低温下，卵不能孵化而干枯或者受到严重伤害而被工蜂清理掉。幼虫在持续高温或低温下同样会受到伤害死亡，或者虽然能羽化出房，但会引起其他病变。刚封盖的子脾在持续高低温影响下会出现"穿孔"现象。盛夏酷暑季节，在群势衰弱的蜂群中，蜂王产卵成片，蜂群内部哺育力严重不足，加之高温低湿，易造成边沿卵圈干瘪不能孵化。早春低温季节，尤其当有寒潮侵袭时，巢内护脾蜂紧缩，导致边沿卵圈受冻干枯死亡。

【预防措施】

预防卵或幼虫的高低温致死重在管理。高温季节要做好蜂群的遮阴，适当加大蜂路，适时喂水（图5-3、图5-4）。在低温季节要做好保温工作，调整巢内蜂子结构，保持蜂多于脾。对于过弱的蜂群要及时合并或者适当地调脾以增加蜂群的群势，提高蜂群整体抗逆能力。

图5-3 将蜂群摆放在树荫下

图 5-4　给蜂群饲喂干净的水

【诊治注意事项】

在高温季节加强蜂群通风或者遮阴的方式，降低温度对蜂群的伤害；低温季节进行适当的保温，防止蜂群被冻伤，降低蜂群损失。

三、温度相关的其他病害

持续的高温会引起欧洲幼虫腐臭病的发生。在早春持续的低温情况下，蜜蜂无法排泄飞翔，容易引发孢子虫病、下痢病，以及春繁时保温不当会引起爬蜂综合征和囊状幼虫病，详细内容参见前面章节。

四、营养不良

【诱因及症状】

中蜂是一种全变态发育的社会性昆虫，胚后发育经历幼虫、蛹和成虫三个形态完全不同的发育阶段，不同阶段所需的营养差异很大。营养不足或营养素的比例失调，会在很大程度上影响蜜蜂个体的发育、蜂群的采集能力及抗病能力等。当外界蜜粉源枯竭的时候，巢内缺乏优质饲料，往往造成幼蜂发育不良、躯体瘦小、体质虚弱、抵抗力下降（图 5-5）。冬季越冬和早春如果饲料不足或饲喂的饲料质量低下，往往会造成个体营养摄取不充分或消化不完全而引起下痢、爬蜂等其他危害。养蜂生产者为了获取高产，对蜂群采取掠夺式生产，结果就是群内缺蜜，幼虫营养缺乏，采集蜂要不断地进行采集来满足群内需求，工蜂就进入一种超极限的工作状态，消耗大量的体能，寿命也随之缩短。

图 5-5 营养不良的工蜂

【预防措施】

加强蜂群营养供给是提高个体免疫力和病害抵抗能力的主要举措之一。蜜粉源缺乏季节，一定要给蜂群补足优质糖饲料和蛋白质饲料，满足蜂群发展需要；蜂群越冬前除了留足或补足糖饲料外，也要补充一定的蛋白质饲料；春季蜂群开始繁殖的时候，由于幼虫大量出现，外界蜜粉源缺少，必须对蜂群补喂优质花粉或人工蛋白质饲料，提高蜜蜂体质，减少病害发生；生产季节，要避免一次性将蜂蜜取尽，要适当给蜂群保留部分蜂蜜，减少工蜂外出采集次数，保存实力。

【诊治注意事项】

饲养管理过程中注重蜜蜂的营养，在缺乏蜜粉源的季节，一定要给蜂群补充足够的饲料。生产季节不要将蜂蜜取尽，应留部分给蜂群，并及时补足。春季繁殖季节、冬季越冬期，一定要给蜂群留足或补足蛋白质饲料。

五、遗传性疾病

在众多的遗传性疾病中，对蜂群影响比较严重的就是卵干枯病。该病主要是由蜂王近亲繁殖导致蜂王产下的卵不孵化或幼虫不能化蛹、逐渐干枯的现象。蜂王产的这种卵往往散布在正常幼虫中间，不成片，比健康卵小而且色泽暗，在巢房中的位置各异。卵干枯病主要影响蜂群的正常繁殖。此病以预防为主，在主要繁殖及生产季节，及时更换蜂王，在处女王交尾的时候，尽量避免近亲交配。

六、工蜂产卵

【诱因及症状】

工蜂产卵主要是由蜂群长时间失王造成的。蜂群在没有蜂王，巢内又没有3日龄以下小幼虫的情况下，工蜂的卵巢便开始发育，几天后开始产卵。发生工蜂产卵的蜂群最为明显的症状就是一个巢房出现数粒卵，而且东倒西歪，有的卵甚至在巢房壁上（图5-6）。如果工蜂产卵

图5-6　工蜂产的卵

时间超过 23 天，工蜂产的卵便会封盖羽化，可以看到小型雄蜂出房（图5-7）。工蜂产卵的蜂群，常处于怠工状态，工蜂体色黑而发亮且很少出巢采集，开箱检查时蜂群慌乱，易暴躁蜇人（图5-8）。工蜂产卵的蜂群，如果不及时进行处理，整个蜂群便会死亡。

图 5-7 工蜂产卵羽化出房

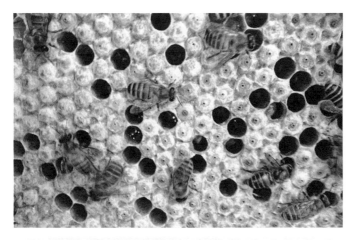

图 5-8 工蜂产卵的蜂群

【预防措施】

（1）介绍成熟王台或者产卵蜂王　如果发现蜂群失王，工蜂开始产卵，应及时介绍成熟王台或者产卵蜂王，待蜂王开始产卵后，工蜂产卵现象会逐渐消失，蜂群进入正常状态（图5-9）。

图5-9　介绍成熟王台

（2）并入其他蜂群　如果工蜂产卵时间较长且蜂群比较弱，可以将工蜂产卵脾全部提走，原地放空蜂群，待产卵工蜂饥饿1天后，并入其他蜂群（图5-10）。

图5-10　合并工蜂产卵的蜂群

（3）调脾 如果工蜂产卵严重且蜂群比较强，此时应该将工蜂产卵脾全部提走，然后从其他蜂群调入成熟封盖子脾和粉蜜脾，让工蜂无处产卵，同时介绍成熟王台或者产卵蜂王，蜂王开始产卵后工蜂产卵现象自然消失（图5-11）。

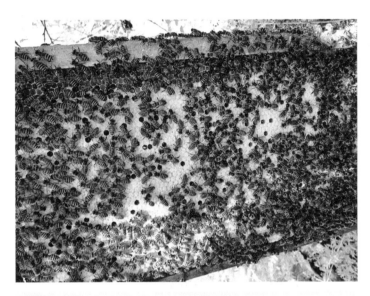

图5-11　给工蜂产卵群调入子脾

【诊治注意事项】

如果发现蜂群中工蜂开始产卵，应及时介绍成熟王台或者优质产卵蜂王；如果工蜂产卵严重，应及时将其合并到相近的蜂群。

七、热虚脱

【诱因及症状】

中蜂的热虚脱现象一般发生在蜂群转运过程中或者越冬期间。在运输过程中，蜂群由于振动被激怒，而且个体的活动空间有限，加上通风不足，巢温急剧上升，个体在没有可能或没有条件离开蜂巢时，体内的水分又不能通过飞行来散发，最后只能通过呼吸来散发。当空气中的水分与蜂巢内的水分达到饱和的时候，个体的气管则停止排出水分，出现热虚脱现象。越冬期间包装过于严实或者过早，使蜂群受闷，群内高温高湿，引起个体热虚脱死亡。

在转运过程中发生严重热虚脱时，巢脾熔化，蜂蜜从箱内流出，大量工蜂死亡掉落在箱底，工蜂躯体潮湿而发黑；越冬期发生热虚脱，主要表现为烦躁不安，工蜂不结团，常飞出巢外，箱内湿度大，严重的时候巢内保温物潮湿，箱壁及箱底流水，饲料发霉变质，工蜂腹部膨大，有时伴有下痢症状。

【预防措施】

在蜂群转运过程中，避免振动，加强通风，给蜂群留足成熟蜜饲料或者高浓度糖浆。到达场地后，快速将蜂群摆放到安排好的位置，及时打开通风口，让蜂群尽快安静下来，防止发生热虚脱。越冬期间适时、适当保温，如发现有热虚脱现象，应开大巢门，减少保温物，若发现饲料发霉变质应及时更换优质的粉蜜脾给蜂群。

【诊治注意事项】

蜂群在转运过程中发生热虚脱不仅与温度有关，也与巢内饲料的成熟度相关，因此在转地的时候一定不能给蜂群饲喂比较稀的糖水，否则遇到高温容易导致热虚脱的发生。

八、下痢病

中蜂下痢是比较普遍的一种疾病，长年均有发生，但以冬季和初春最为常见。一旦出现这种疾病，就会严重影响蜂群安全越冬和春季繁殖。

【诱因】

造成蜂群发生下痢（图5-12）的原因有：工蜂在采食、采水的过程中受到病菌的感染；巢内食物变质或者饲喂了劣质饲料；工蜂采集到了不易消化的食物，如甘露蜜等；在冬季和早春遇到连续阴雨，工蜂不能及时出巢排泄；晚秋、初春给蜂群饲喂的饲料太稀，工蜂吸食后不能及时进行酿造。

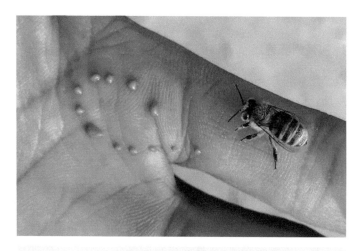

图5-12 患下痢的工蜂

【症状】

患病工蜂腹部膨大，肠道内积聚大量粪便，在蜂箱壁、巢脾框梁上和巢门前，经常可以看到病蜂排泄的黄褐色并带有恶臭味的稀粪便（图5-13）。轻病蜂群，在天气晴暖时，外出飞翔排泄后可以自愈。重病蜂群，飞行困难，为了排泄粪便常在寒冷天气爬出巢外，受冻而死。工蜂大量死亡，常造成蜂群春衰。

图5-13 病蜂排泄的黄褐色粪便

【防治】

(1) 加强饲养管理 下痢的预防主要在于饲养管理。一是在给蜂群进行饲喂时，特别是在晚秋和初春，注意不要饲喂稀糖，喂优质饲料或者直接加蜜脾，同时注意要及时喂、喂足；二是在越冬前要将蜂群中存在的甘露蜜、茶花蜜和结晶的蜂蜜清理干净；三是冬季和春季蜂群摆放场地应该背风向阳，防止潮湿，保持空气流通，冬季或初春的晴暖天气，促使工蜂出巢排泄。

(2) 药物治疗 每 10 脾蜂用 100 克大黄、25 克生姜，加水煮开后取汁，调入 1 千克 50% 的糖浆中，另加入粉碎后的食母生（酵母片）4 片，每天 1 次，连续饲喂 3 ~ 4 次；也可喂酸饲料（1 千克 50% 的糖浆中加 0.7 克柠檬酸），连续饲喂 3 次。

【诊治注意事项】

食物引起的消化不良通常导致中蜂患下痢病，因此在冬季及早春要给蜂群补充优质的饲料，同时在晴暖天气要及时促使工蜂出巢排泄；在蜜源枯竭的季节，工蜂很容易采集甘露蜜，要将甘露蜜尽量清除出去，补充优质的糖饲料给蜂群。

九、烂子病

【诱因及症状】

烂子病是中蜂最常见的幼虫病，是由不同原因造成幼虫死亡的统称。烂子病诱因有多种，有环境因素造成的，也有病害引起的。发病的幼虫塌陷，烂子后呈袋状（图 5-14）。中蜂烂子病潜伏期一般为 5 ~ 6 天，患病蜂群的幼虫腐烂死亡且大多数在封盖前死亡，在病群的蜂巢底部用肉眼可以看见有鼻涕状的白色黏稠物质，并带有腐烂的臭味，工蜂也难以清除。严重病群可以看到卵但找不到封盖子脾及蛹，也很少见到大幼虫，从而导致蜂群日渐衰弱，不及时治疗，蜂群会全军覆没。其发病原因主要有以下几种情况。

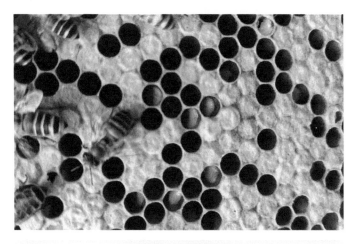

图5-14 中蜂烂子病

(1) 低温冻害 早春繁殖季节，蜂王开始大量产卵，工蜂数量不足，如遇寒流，工蜂密集到蜂巢中间，外部幼虫无法得到足够的保温，受冻发生烂子。

(2) 哺育不足 蜂群中有大量的卵虫，工蜂数量少，部分幼虫哺育不足，饥饿死亡造成烂子。

(3) 连续高温 遇到高温季节，蜂群密集，通风不良，造成幼虫热死而烂子。

(4) 机械损伤 在管理过程中，因操作不当对幼虫造成损伤发生烂子。

(5) 农药中毒 蜂场附近喷洒农药，或者在花期喷洒农药，形成烂子。

(6) 病毒感染 一般是指受囊状幼虫病病毒感染而引起的烂子。

(7) 有毒蜜源植物中毒 工蜂采集到有毒蜜源植物的花蜜（如茶花蜜）而引起烂子。

【预防措施】

(1) 加强管理 低温季节适时对蜂群进行保温，并保持蜂多于脾；高温季节对蜂群遮阴，加强通风；平时在取蜜等操作过程中尽量不要对幼虫造成损伤；发现太弱的蜂群及时合并。

（2）**防止中毒**　远离有毒蜜源植物分布的区域放蜂。蜂场周围遇到有喷洒农药的情况时，要尽快将蜂群搬离。

【诊治注意事项】

烂子病的成因复杂，因此在发现有烂子发生时，一定要弄清楚导致烂子的原因，根据病因采取适当的管理措施或者利用药物治疗。

第六章

中蜂敌虫害

一、巢 虫

危害中蜂的主要是大蜡螟和小蜡螟的幼虫,又称巢虫、绵虫。巢虫对蜂群的巢脾、幼虫及蛹造成危害,一旦入侵,往往很难根治,给养蜂业带来很大损失。

【流行特点】

巢虫在晚春、夏季、初秋都在巢内活动,穿钻巢脾,蛀食蜡质和蜜汁,在巢脾上穿蛀隧道,吐丝做茧,毁坏巢脾和幼虫。中蜂蜂群一旦被巢虫侵害,常常是整群飞逃,或群势日渐减弱。

巢虫是蜡螟的幼虫,故其对蜂群的危害与蜡螟的活动规律及生活史密切相关。蜡螟的生活史可长达6个月之久,从其生活史来讲,休眠发生在前蛹期。羽化出来的雌蛾,一般经过5个小时以上才能交尾(图6-1),交尾一般在夜间进行,成虫交尾可达113次,一般每次交尾历时几分钟,最长可达3小时。交尾后雌蛾产卵器外露,夜间四处寻找产卵场所。成蛾羽化后既不需要食物也不

图6-1　交尾的雌雄蜡螟

需要水分，多数在羽化后 4 ~ 10 天内才开始产卵（图 6-2）。产卵期平均 3.4 天，产卵量在 600 ~ 900 粒之间，个别可产 1800 粒卵。产卵位置多在箱壁缝隙中。雌蛾寿命为 3 ~ 15 天，在 30 ~ 32℃ 条件下，多数交尾过的雌蛾会在 7 天内死亡。

图 6-2　蜡螟产的卵

蜡螟的卵和幼虫（图 6-3）的发育适宜温度为 30 ~ 35℃，在过低或过高的温度下，卵和幼虫生长缓慢，甚至死亡。湿度对卵的孵化影响也很大，相对湿度在 25% ~ 35% 时，有 1/3 的卵不能孵化。高湿环

图 6-3　蜡螟幼虫

境比低湿环境有利于卵的孵化，可使卵的孵化期缩短 1 ~ 2 天，死亡率下降 14%。但是，湿度高于 94% 时，卵易发霉，低于 50% 时卵易干枯，最适宜湿度为 60% ~ 85%。初孵幼虫有蚕食卵壳和怕光的习性。幼龄幼虫会先取食蜂蜜和花粉，随后从巢房壁外部钻进花粉内，逐渐向巢脾中部延伸隧道，并在巢脾中部继续取食、长大。此处可免受工蜂的清除。

　　初孵幼虫活泼，爬行迅速，2 日龄以后的幼虫活动性明显减弱。1 日龄幼虫体小，不易被工蜂清除，上脾率可高达 90%。幼虫期一般为 6 ~ 8 天。1 ~ 2 日龄幼虫食量小，对中蜂影响不大；3 ~ 4 日龄幼虫食量较大，钻蛀隧道，是造成白头蛹的主要虫期；5 ~ 6 日龄幼虫个体大，在脾上取食，易被工蜂咬落箱底，不再上脾。

　　每年的春末夏初巢虫便开始繁殖活动。巢虫可以取食蜂巢中的所有蜂产品，特别以老旧巢脾最为喜欢。纯蜡或者新脾不适宜巢虫发育，会造成巢虫幼虫发育中断，成虫个体小。

【主要危害】

　　巢虫只在幼虫期取食巢脾，危害蜂群封盖子，经常造成蜂群内的"白头蛹"，严重时封盖脾 80% 以上的面积出现"白头蛹"（图 6-4），

图 6-4　巢虫造成的"白头蛹"

勉强羽化的幼蜂也会因房底的丝线被困在巢房内（图6-5）。另外，巢虫对贮存待用的巢脾破坏性极大。巢脾一旦在贮存时被巢虫侵入，一个冬季过后，全部巢脾将被蛀食一空。中蜂蜂箱底部蜡渣堆积，易招引蜡螟产卵繁殖，因此，要及时清除箱底蜡渣（图6-6）。

图6-5　勉强羽化的幼蜂被困在巢房内

图6-6　箱底蜡渣中的巢虫

【防治】

蜡螟在蜂箱外交尾后将卵产在箱子里隐蔽之处，利用蜂箱内的温湿度任其自然孵化。巢虫主要危害蜂群的幼虫。3日龄以内的巢虫幼虫很小，蜜蜂很难发现，等到发现清除的时候已经造成破坏。由于药物防治巢虫效果不好，所以防治巢虫尽量利用蜡螟的生活习性，采取饲养管理等方法。

(1) 饲养强群 饲养管理过程中尽量饲养强群（图6-7），并且一年四季保持蜂多于脾，提高蜂群的护脾能力。

图6-7 饲养强群

(2) 清除蜡渣 巢虫喜欢吸食旧巢脾，管理中可结合中蜂喜爱新脾的习性，更换掉旧脾，并定期将蜂箱底部的蜡渣清理干净（图6-8、图6-9），将巢框、框槽等刮除干净，清除干净寄生在蜂箱缝隙中的巢虫（图6-10），不要的旧巢脾集中化蜡或者烧掉。

图6-8 蜂箱底部的蜡渣

图6-9 清理箱底的蜡渣

图6-10 寄生在蜂箱缝隙中的巢虫

（3）**引诱捕杀** 利用蜡螟的趋光性，可以在夜晚设置特质光源进行引诱捕杀（图6-11）。冬季捕杀蜂箱与巢脾裂缝及保温物内的越冬虫蛹，另外对蜂箱的缝隙要修补严实。

图6-11 利用光源诱杀蜡螟

（4）**熏杀** 药剂治疗主要针对贮存的巢脾，蜂群内的药剂防治则相当困难。用36毫克/升氧化乙烯对巢脾熏蒸1.5小时，或用0.02毫克/升二溴乙烯熏蒸巢脾24小时，均可杀灭各期巢虫。此外，熏杀巢虫常用的药物还有二硫化碳、冰醋酸、硫黄（二氧化硫）、氰化钙、一溴甲烷、萘及对二氯苯等（图6-12）。

图6-12 利用硫黄熏杀巢虫

（5）**冻杀** 为防止用药给蜂产品带来的污染，可将蜂具或蜂产品进行人工冷冻。在-6.7℃下冷冻4.5小时，在-12.2℃下冷冻3小时或在-15℃下冷冻2小时，均可杀死各期巢虫。此外，采取水泡脾、水浸脾、水浸蜂箱或框耳阻隔器等方法，也可减轻巢虫的危害。

（6）**生物防治** 巢虫食入苏云金杆菌后，会释放出有毒物质将自己杀死，而该物质对中蜂无害，因此，可以用苏云金杆菌喷洒蜂群或者浸渍巢脾防治巢虫（图6-13、图6-14）。

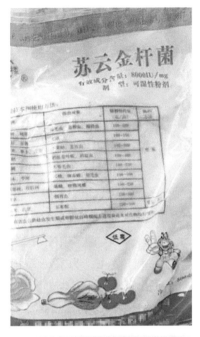

图6-13　苏云金杆菌

图6-14　对蜂群喷洒苏云金杆菌

【诊治注意事项】

防治巢虫主要是保持蜂箱底部干净及蜂场环境卫生，加强饲养管理及强群饲养。

二、胡 蜂

【流行特点】

胡蜂俗称马蜂、黄蜂，属于社会性昆虫。该蜂体大而凶猛，体长19～27毫米，棕黑色。胡蜂1年常可繁衍3代，有的品种繁衍1～2代，喜群居生活。进入秋季，气温降低，受精胡蜂的雌蜂离巢，迁居至石洞、草堆、墙缝、树洞等比较避风、恒温处越冬。第二年春季气温回暖至14～15℃时，开始重新活跃，并选择在树木、屋檐等通风透气的地方筑巢入居（图6-15）。胡蜂是夏、秋季山区中蜂的重要天敌之一，是捕杀蜜蜂、盗食蜂蜜的膜翅目昆虫，为夏秋季山区蜂场的主要敌害（图6-16）。我国常见的胡蜂有115种，危害养蜂业的主要有金环胡蜂（又名大胡蜂）、黄边胡蜂、黑盾胡蜂和基胡蜂等。

图6-15 胡蜂巢穴

图 6-16 胡蜂危害

【主要危害】

　　胡蜂在我国南方山区危害严重，特别是夏秋季节。胡蜂根据蜂群巢门口的守卫蜂数量，采取不同的方式攻击蜜蜂，弱群的巢门口胡蜂数量偏多，强群则相反，弱群极易被胡蜂侵入，引起蜂王丢失或死亡，蜂群发生逃群等。一旦胡蜂攻入巢内，严重的话整个蜂群被胡蜂消灭（图6-17、图6-18）。

图 6-17 工蜂撕咬胡蜂

图 6-18　胡蜂进入蜂箱危害蜂群

【防治】

中蜂的主要天敌就是胡蜂，一般小型胡蜂对蜂群影响不大，但是在大型胡蜂食物缺乏时，往往几十只胡蜂就能摧毁一个蜂群。因此，防止胡蜂危害是养蜂生产的一个重要环节。

（1）人工捕杀　当蜂群遭受胡蜂危害时，如果数量不多，可以采取人工扑打的方式将其消灭。养蜂人可以守候在蜂场，发现胡蜂时立即将其拍死（图 6-19）。这种方法较为简单，但是费时费力，仅适用于胡

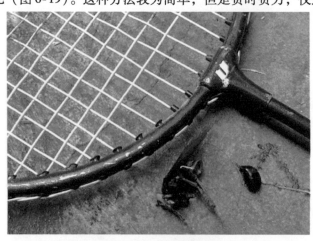

图 6-19　人工拍打胡蜂

蜂数量较少的情况，如果胡蜂数量过多，不但不能起到很好的灭杀效果，养蜂人的安全也会受到影响。

（2）诱杀　将少量敌敌畏拌入少量碎肉里面，盛于盘内，或者放在矿泉水瓶里（图6-20），放在蜂场附近诱杀。

图6-20　诱杀胡蜂

（3）药物灭杀　将约1克的"毁巢灵"药粉装入带盖的广口瓶内，在蜂场用捕虫网网住胡蜂后，把胡蜂扣进瓶中，立即盖上盖，因其振翅而使药粉自动敷在身上，稍停几秒钟后迅速打开盖子，放其飞走。敷药处理的胡蜂归巢后，自然将药带入巢内，起到毒杀其他个体的作用。此法称为"自动敷药法"，简单快速，但敷药量不定。也可用人工敷药器，给捕捉到的胡蜂胸背板手工敷药，此法用药位置和药量均较准确，但操作时间较长（图6-21）。胡蜂巢距离蜂场越近，敷药蜂回巢的比例就越大，反之越少。处理后归巢的胡蜂越多，全巢胡蜂死亡就越快。采用自动敷药法，一般在敷药处理后1~3小时，胡蜂出勤锐减，大多数经过1~2天，最长8天全巢胡蜂中毒死亡，遗留下的子脾也中毒或饥饿而死。由于胡蜂巢离蜂巢的远近不明，最好能多处理一些胡蜂或两种方法兼用，以保证有一定数量的敷药蜂回巢，确保达到毁除全巢的效果。

图6-21　药物灭杀胡蜂

（4）防护法　胡蜂危害时节，应缩小巢门，加固蜂箱，或者在蜜蜂巢门口安上金属隔王板或毛竹片，可防胡蜂侵入（图6-22）。

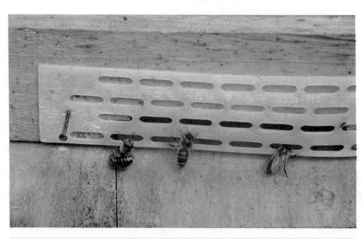

图6-22　巢门阻隔器

【诊治注意事项】

采用多种方法相结合的原则进行胡蜂的防控，要注意所用药物浓度。

三、茧 蜂

斯氏蜜蜂茧蜂属于姬蜂总科，小茧蜂科，绒茧蜂属一类的寄生蜂，主要寄生在中华蜜蜂的体内。

【流行特点】

斯氏蜜蜂茧蜂的成蜂常栖息于蜜蜂箱内（图6-23），不趋光，飞行呈摇摆状。寄生蜂常在蜜蜂腹节第2~3节的节间膜处产卵，产卵部位有1个小黑点，卵多着生于蜜蜂体内的蜜囊和中肠附近，孵化后即在蜜蜂体内取食。茧蜂幼虫期历时40天，老熟幼虫纵贯蜜蜂腹腔，可占蜜蜂腹腔容积的1/3以上。后期老熟幼虫从蜜蜂的腹末破腹而出

图6-23 茧蜂的成蜂

（图6-24），约10分钟后，即可在蜂箱的裂缝、箱底隐蔽处吐丝做茧（图6-25）。斯氏蜜蜂茧蜂蛹期为11～13天，以蛹在蜂群内越冬。中华绒茧蜂1960年首次在贵州发现，1973年中蜂大量发病，寄生率高达20%以上，严重削弱蜂群的群势和采集蜂的采集力。通常位于潮湿环境的蜂群被寄生率较高，常年平均在10%左右。

图6-24　茧蜂幼虫破腹而出

图6-25　茧蜂的茧

【症状】

被寄生中蜂个体死亡，蜂群质量差，采集情绪下降，严重影响中蜂群势。中蜂被寄生初期无明显症状，待茧蜂幼虫老熟时，可见大量被寄生的工蜂离脾，六足紧握，伏于箱底和箱内壁、巢门踏板上，腹部稍大，丧失飞翔能力，螫针不能伸缩，不蜇人（图6-26）。中蜂不论蜂群群势强弱，皆被寄生，幼蜂多的蜂群被寄生率高。茧蜂从茧内羽化后，雌雄蜂即追逐交尾。成年茧蜂常栖息在蜂箱内，在炎热的夏季或者秋季采蜜季节，可在蜂群的蜂箱外壁上找到。成年茧蜂不趋光，飞行时呈摇摆状。中蜂群在向阳处被寄生少，阴湿处被寄生多。雌性茧蜂喜选择10日龄以内的中蜂幼蜂产卵，在每只中蜂体内仅产卵1粒，且多于腹部第2~3节节间膜产入。解剖观察发现，茧蜂的卵多位于中蜂蜜囊和中肠附近，产卵处伤口愈合后可见小黑点。室内接种发现，斯氏蜜蜂茧蜂不寄生西方蜜蜂。

图 6-26　被寄生茧蜂的工蜂

【诊断】

根据流行规律，茧蜂对蜜蜂的危害在夏秋季节表现最为明显。中蜂被寄生初期无明显症状，待茧蜂幼虫老熟时，可见大量被寄生的蜜蜂离脾，六足紧握，伏于箱底和箱内壁，巢门踏板偶见，腹部稍大，丧失飞翔能力，螯针不能伸缩，不蜇人，将病蜂解剖后腹部内明显能看到茧蜂的幼虫，即可做出诊断（图6-27）。

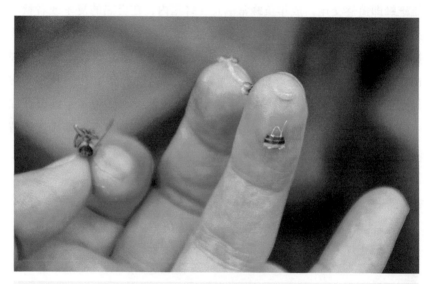

图 6-27　寄生在病蜂中的茧蜂幼虫

【防治】

已知斯氏蜜蜂茧蜂分布在海拔 800～1700 米地区，因此各地应查明斯氏蜜蜂茧蜂分布，尽量不从此类分布区引入中蜂蜂群，以免斯氏蜜蜂茧蜂扩散。茧蜂在蜂箱裂缝及蜡屑内或箱底泥土内做茧化蛹，第二年才羽化出蜂，故应在第二年升温前彻底打扫蜂箱及箱底泥土，清除越冬蛹茧；平时也要经常打扫，适时换箱，反复晒箱；发现成蜂及时扑杀，可减轻危害。另外可采取防治巢虫的方法进行防治。

【诊治注意事项】

防治斯氏蜜蜂茧蜂目前尚无有效的方法和药物，为减轻其危害，必须加强饲养管理，经常打扫箱底，定时换箱消毒，夏天可用烈日暴晒，春秋用开水煮蜂箱。同时，在日常管理中，如果发现茧蜂成虫，应及时捕杀。

四、蚂 蚁

【主要危害】

蚂蚁的习性与蜜蜂有些相似，通过婚飞交尾，蚁后产卵繁殖，不同的是一群蚂蚁可成批培育蚁后，繁殖力极强。蚂蚁食性较粗，昆虫、小动物乃至病死的大动物、种子、果实、虫子等均可作为蚂蚁的食物。其对蜂群的主要危害表现为爬入蜂箱内围杀中蜂，吸取巢脾内蜂蜜，并在蜂箱和盖布上产卵繁殖（图6-28），使蜂群不安定。

图6-28 蚂蚁在箱盖上产卵

【防治】

平时的管理过程中，切除的雄蜂巢、赘脾、箱底清除的蜡屑等应统一收集处理，切勿随地乱扔；及时清除蜂箱周围的杂草，减少蚂蚁的滋生；采用箱架垫高蜂箱，并在箱架脚垫水碗，经常加水，可防蚂蚁上箱（图6-29）；在蜂箱四周的地面上撒些生石灰或食盐，以驱除蚂蚁。当蚂蚁进入蜂箱时，在蜂箱内四角撒些食盐，有一定的驱除作用；也可用白蚁净杀灭，寻找到蚂蚁窝洞口，把白蚁净投放进蚁窝内，全巢杀灭。

图6-29　将蜂箱垫高

【诊治注意事项】

摆放蜂箱时尽量利用支架支起来。发现有蚂蚁在蜂箱盖里面产卵时，一定要清理干净，可以利用防除蚂蚁的药剂进行清理。

👉 五、蟾 蜍 👈

蟾蜍是一种两栖动物，俗称癞蛤蟆、疥蛤蟆等（图6-30），一般在夜间捕食和活动，多以甲虫、蛾类、蝇蛆等为食，但有时候也会蹲守在蜂箱巢门附近伺机捕食过往的蜜蜂，对养蜂生产有一定的危害。

图 6-30　蟾蜍

【主要危害】

　　蟾蜍一般在傍晚或晚上活动觅食且食量很大，一个晚上便能吃掉数十只甚至上百只中蜂，因此在蟾蜍活动季节要对蜂箱周围进行查看，发现蟾蜍后要及时处理，可以将其抓住释放到离养蜂场比较远的地方（图 6-31）。

图 6-31　蟾蜍捕食蜜蜂

【防治】

蟾蜍白天喜欢隐蔽在潮湿的石头下、密杂的草丛内或乱堆的杂物中，因此注意保持蜂场的清洁，及时清理蜂场附近的杂草、杂物、石块等。由于蟾蜍的捕食高度有限，因此垫高蜂箱是防止蟾蜍最有效的措施，可将蜂箱的四角用砖块、木棍等垫高 0.5～1 米（图 6-32），有条件的可以制作专门放蜂箱的小木桌并在小木桌的四条"腿"上涂抹桐油或沥青，这样不但能有效预防蟾蜍，而且可以起到预防蚂蚁的作用。

图 6-32　蜂箱置于支架上面

【诊治注意事项】

防止蟾蜍的主要方法是把蜂箱垫高。如果发现蜂场周围有蟾蜍出现，最好将其带到比较远的地方放生。蟾蜍为有益动物，不能随意将其杀害。

 六、蜘　蛛

【主要危害】

蜘蛛种类繁多，大小不一，主要以昆虫的体液为食，常在房前屋后等地方结网捕食。如果蜘蛛在蜜蜂飞行的路线上结网，每天至少能捕杀十几只工蜂。有的蜘蛛还会钻进蜂箱捕食（图 6-33、图 6-34）蜜蜂，对蜂群造成一定的危害。

图 6-33　蜂箱中的蜘蛛

图 6-34　蜘蛛捕食蜜蜂

【防治】

防治蜘蛛的方法主要是进行人工防范。平时管理蜂场时，主要查看周围蜘蛛结的网，如果发现，立即将其清除。如果在蜂箱中发现蜘蛛的话，最好能将其抓住，扔到较远的地方，不然其又会跑进蜂箱。

【诊治注意事项】

蜘蛛对中蜂的危害不严重，主要通过清理周围的蜘蛛网进行预防。

七、蜂巢小甲虫

蜂巢小甲虫是一种寄生在蜂群内的杂食昆虫，其成虫和幼虫以蜜蜂幼虫、蜂蜜和花粉为食，因而会导致蜜蜂幼虫死亡、蜂蜜发酵和巢脾损毁，常造成整个蜂巢坍塌、蜂群弃巢飞逃。蜂巢小甲虫在温暖高湿的地区危害明显高于低温干燥地区。

【流行特点】

蜂巢小甲虫属于完全变态昆虫，其生活史包括卵期（图6-35）、幼虫期（图6-36）、蛹期和成虫期（图6-37）4个阶段，从卵到成虫发育历时38～81天。蜂巢小甲虫于1867年在非洲发现，2017年传播至我国沿海地区，2018年开始在海南和广东沿海地区大面积感染蜂群，造成蜂群严重损失。在夏季高温、高湿的的环境下，极易引发蜂巢小甲虫的感染和危害。

图6-35　蜂巢小甲虫的卵

图6-36　蜂巢小甲虫幼虫

1000微米

图 6-37　蜂巢小甲虫成虫

蜂巢小甲虫幼虫主要以蜂蜜、花粉、蜜蜂的卵及幼虫为食。为了取食，蜂巢小甲虫幼虫会在巢脾中不断地挖洞，在巢房之间横穿，严重破坏巢脾，导致蜂蜜、花粉变质，同时也影响封盖子、幼虫生长发育，造成整个巢脾严重损害。另外，蜂巢小甲虫还会分泌一种带臭味的黏性物质，可以引起蜂群的飞逃。

【症状】

虽然蜂巢小甲虫成虫对蜂群的危害相对较轻，但可导致蜂群整群飞逃。蜂巢小甲虫幼虫的取食行为通常会导致蜂蜜发酵、巢脾严重损毁，以及整个蜂巢坍塌。蜂巢小甲虫幼虫以蜂蜜和花粉为食，它们挖洞穿过巢房，所经之处全被破坏。这样造成的直接后果是蜂蜜颜色不正常，并伴有发酵现象，还散发出一种类似于烂橙子的异味。在巢房和封盖被破坏且发酵的情况下，蜂蜜会起泡并溢出巢房，甚至流出蜂箱。有时蜂巢小甲虫幼虫所经之处会留下一种带臭味的黏质物，这种物质可迫使蜜蜂弃巢而逃。蜂巢小甲虫成虫则喜食蜜蜂卵和幼虫，严重影响蜂群繁殖力，致使蜂群垮掉、飞逃，甚至死亡。通常贮蜜相关的环境条件，如高温高湿，为蜂巢小甲虫的生长发育提供了适宜的条件。此外，蜂箱底部蜡渣中或蜂箱插板下可能发生蜂巢小甲虫隐性低水平繁殖，前期无任何危害迹象，不易发现。

【诊断】

检查人员将巢脾水平置于报纸上方，轻敲巢脾，蜂巢小甲虫便落到报纸上。工蜂散开时，便可看到蜂巢小甲虫，翻动成蜂也可观察到小甲虫。由于蜂巢小甲虫背部外壳很光滑，个体小且身体弯曲，很难被人抓住。此外，其足和触角可以缩到身体下面来自我保护，蜜蜂也很难抓住它们，以致蜜蜂很难驱除这些害虫。不过，不需任何特殊设备也可快速收集蜂巢小甲虫，例如可以在手指尖上涂抹蜂蜜使手指有点黏性，当蜂巢小甲虫落在纸上时，轻轻按下手指使它们粘到指尖上，然后放进广口瓶里。蛹期结束后，新的蜂巢小甲虫成虫从泥土中钻出，在地面上留下小洞口（不过在野外很难发现这些洞口），约1周后性成熟，如果不受蜜蜂的阻止，雌虫开始在蜂箱裂缝或幼虫脾缝隙里产卵。它们的卵很小，养蜂人通常观察不到，所以最好还是用蜂巢小甲虫成虫、幼虫及其产生的黏液判断其是否侵入蜂群。

【防治】

(1) 饲养管理

1）可以采用人工方法去除蜂巢小甲虫，但需要大量的劳动力。也可以在蜂箱内外设置不同形式的蜂巢小甲虫陷阱，并定期检查处理。

2）饲养强群，以便有足够的守卫蜂执行守卫行为。缩小巢门减少蜂巢小甲虫的进入，例如非洲化蜜蜂使用蜂胶处理巢门，可以防止蜂巢小甲虫进入蜂箱。将蜂箱搬至水泥地面或厚黏土地方，尽量保持蜂箱内外的干燥。

3）饲养管理过程中，尽可能查找、填补蜂箱内的裂缝和缝隙，减少蜂巢小甲虫隐藏区域和繁殖区域。确保工蜂可以到达蜂箱内所有区域执行相应的卫生清理工作，减少或避免蜂巢小甲虫产卵，保证蜂箱底部干净。

(2) 物理防控

1）将受感染的养蜂场的顶层土壤清除、处理或深埋在地下，虽然这种情况需要耗费非常多的劳动力，但当全场蜂群均被感染时，采取这种方式可以消除隐患。

2）光波长防控。根据蜂巢小甲虫对不同波长光谱的反应，发现蜂巢小甲虫的幼虫和成虫受到390纳米波长紫外光的吸引，表现出强烈的正向趋光性。在蜂场采用LED灯管，波长390纳米的引诱灯进行诱捕，在采蜜及摇蜜过程中吸引蜂巢小甲虫，进而达到控制蜂巢小甲虫的目的。

3）熟石灰和硅藻土防控。熟石灰或硅藻土混合的土壤可以使蜂巢小甲虫在蛹期阶段因脱水而无法化蛹。熟石灰仅在高剂量（每100克土壤中10~15克）时可降低蜂巢小甲虫的繁殖成功率，结合硅藻土可以更好地降低蜂巢小甲虫的繁殖成功率。

（3）生物防控

1）采用两种昆虫病原线虫（*Steinernema kraussei* 和 *Steinernema carpocapsae*）对蜂巢小甲虫的防控进行了测定，尤其是土壤中幼虫阶段，控制率达到100%，持续时间达到3周。同时，欧洲市场上各地都有售这些产品，建议在蜂箱周围0.9~1.8米范围内使用。

2）采用不同亚种苏云金芽孢杆菌进行蜂巢小甲虫的防控。通过添加干花粉团进行混合饲喂，可很好地抑制蜂巢小甲虫的繁殖。采用RNA干扰技术，通过注射双链核糖核酸可导致蜂巢小甲虫幼虫的死亡。

3）通过蜂巢小甲虫放射的生物学信息，在45~60戈瑞（Gy，辐射吸收剂量的单位）时，未受辐射的雄性和受辐射的雌性之间交配，平均繁殖力可降低99%，在1%~4%低氧条件下以45戈瑞照射未交配的成年雌性和雄性，可导致高度不育。因此，不育昆虫技术可以作为新技术抑制新入侵的蜂巢小甲虫种群蔓延。

4）通过设置只允许小甲虫进入，而蜜蜂无法进入的陷阱进行防控。陷阱内添加苹果醋、矿物油、硼酸及其酵母菌发酵物作为诱饵进行物理防控，诱饵中可添加化学药剂进行综合防控。

（4）化学防控 化学防控主要采用化学药剂进行防控，目前国外主要防控蜂巢小甲虫的商品有 GardStar®（除虫菊酯类土壤灌溉）、CheckMite®（有机磷酸酯条带）和 APITHOR™（芬普尼，箱底使用）。其中，APITHOR™适用于蜂箱底部，其设计的塑料外壳，防止蜜蜂接近或接触纸板插件，可以显著快速地减少蜂箱中蜂巢小甲虫成虫的数量，对中蜂群体健康及蜂产品安全性均无影响。

【诊治注意事项】

加强蜂群的饲养管理，饲养强群避免巢虫小甲虫的繁殖；化学防控应采用多种药物交替使用，避免出现耐药性及药物残留。

第七章

中 蜂 中 毒

一、农药中毒

【症状】

农药中毒的蜂群性情暴躁，爱蜇人，常常追逐人畜；蜂箱巢门前会突然出现大量中毒工蜂，强群死蜂严重，弱群死蜂少，交尾群几乎无死蜂；箱底有许多死蜂，提出巢脾会发现一些中毒工蜂因无力附在脾面上而掉落箱底（图7-1）。

图7-1　发生农药中毒的蜂群

农药中毒的死蜂主要是外勤蜂（采集蜂），甚至一些死蜂腿上还带有花粉团，蜜囊里饱含花蜜；死蜂双翅张开，腹部内弯勾曲，吻伸出

（图7-2）；中毒轻微时，有的工蜂不能或只能做短距离飞行，有的肢体失灵、颤抖，后足麻痹，有的在地上翻滚、打转、急剧爬行；中毒严重时，大量幼虫会中毒死亡，掉入箱底；拉出死亡工蜂肠道，中肠缩短，肠道空，环纹消失。

图7-2 中毒死亡的工蜂

导致蜂群中毒的农药大致分为有机磷和有机氯两种。有机磷农药中毒的工蜂腹部膨胀、双翅不分开、身体颤抖，大多死于箱中。有机氯农药中毒的工蜂肢体颤抖、麻痹，大多死于采集或者返箱途中（大多数有机氯农药在我国已逐渐被禁止使用）。

【预防措施】

中蜂农药中毒发生时间短，蜂群处理麻烦，蜂农损失严重，更甚者可能造成蜂群全军覆没。因此，中蜂农药中毒预防重于治疗，提前做好预防措施是重中之重。

选择放蜂场地时要及时与当地农技部门备案，并和附近村民沟通，明确本地粮农作物农药喷洒时间，尽量避免花期喷洒对中蜂有高毒性的农药，减少中毒发生。如急需在花期施药，应选用高效低毒、药效期短、对中蜂无害的农药，并及时通知蜂场。蜂场在施药的前一天晚上关闭巢门，幽闭蜂群。在不影响农药效果和不损害农作物的前提下，可在农药中加入驱避剂，如石炭酸、硫酸烟碱、煤焦油等。

养蜂场及其周围禁止存放和使用农药，不用未经洗刷的容器盛装蜂蜜和其他饲料，不用喷过农药的喷雾器喷蜂，不用装过农药的车厢装运蜂群，禁止在有农药污染的水源附近放蜂。

【中毒处理】

农药中毒的蜂群需要立即转地迁出施药区，无法转地迁场的蜂场，要立即关闭巢门，同时摇出蜂群中已被农药污染的存蜜或花粉，将被农药污染的巢脾用20%碳酸氢钠溶液浸泡12小时，然后用清水洗净，再用摇蜜机把巢脾上的饲料和水摇出，晾干后备用。最后重新饲喂新鲜稀糖水或蜜水（蜜水体积比为1:4），供给蜂群缓解毒性。对于有机磷农药中毒的蜂群，用0.05%~0.10%硫酸阿托品或用0.10%~0.20%解磷定溶液喷洒蜂体解毒。

【诊治注意事项】

蜂群幽闭期间，要给蜂群喂水，为蜂箱遮阴降温，打开覆布加强通风。

蜂群关闭巢门时间的长短，要根据气温和所喷施农药的种类而定。低毒性农药，通常关闭4~6小时；中等毒性农药，一般为1个昼夜；高毒性农药，需要3~4个昼夜。

二、甘露蜜中毒

甘露蜜是由不同植物或昆虫分泌的，因此对蜂群的危害程度也不同。有的甘露蜜对蜂群危害较小，没有中毒症状，还可取出甘露蜜；而有的植物分泌的甘露蜜对蜂群危害较大，可引起工蜂大量中毒死亡，而养蜂者很难对其进行区分。有些蜂场的越冬蜂采集了甘露蜜并作为越冬食物，越冬前期症状不明显，到后期蜂群会因消化不良，出现中毒症状。

【症状】

开箱检查未封盖蜜脾，如果蜜汁浓稠，呈暗绿色，且有结晶现象

（图7-3、图7-4），即可初步判断是甘露蜜中毒。中毒的工蜂腹部膨大，伴有下痢，失去飞行能力；常在巢脾框梁上或巢门附近缓慢爬行，排泄大量粪便于蜂箱壁、巢脾框梁及巢门前，有的从巢脾上或隔板上坠落于蜂箱底，死于箱内或箱外。

图7-3　甘露蜜结晶巢脾

图7-4　巢内结晶的甘露蜜块

用镊子拉出死蜂消化道，若发现蜜囊呈球形，中肠萎缩，呈灰白色，有黑色絮状沉淀，后肠呈蓝色或黑色，肠内充满暗褐色或黑色粪便，则可判断蜜蜂为甘露蜜中毒引起的死亡。

【诊断】

（1）石灰水检验法 取蜂蜜3毫升，加水3毫升混合，加入饱和石灰水（石灰在水中不再继续溶解时，上部澄清液即为饱和石灰水）6毫升，加热煮沸后静止数分钟，若出现棕黄色沉淀即证明有甘露蜜（图7-5，对照为不含甘露蜜的蜂蜜，1-2和2-2为待检样品）。

（2）酒精检验法 取蜂蜜3毫升，加纯净水3毫升充分混合，再加入95%酒精10毫升摇匀，若出现白色混浊或沉淀即证明有甘露蜜（图7-6）。

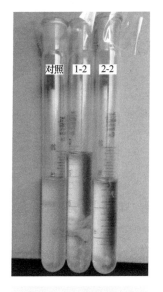

图7-5 石灰水检测对照图

图7-6 酒精检测对照图

【预防措施】

在早春或晚秋蜜源中断季节，为蜂群留足饲料并对缺蜜的蜂群进行奖励饲喂，不要让蜂群长期处于饥饿状态；及时将蜂群转移到不易产生甘露蜜的地方，避免采集蜂采到甘露蜜；远离甘露蜜植物（松树、柏树等）。对已采集甘露蜜的蜂群，在饲喂越冬饲料前将蜜脾换掉，补喂新鲜的糖浆或蜂蜜，千万不要留甘露蜜作为越冬饲料，以防越冬蜂群出现甘露蜜中毒造成严重损失。

【中毒处理】

若发现蜂群甘露蜜中毒，除转地外，还要进行药物治疗，一般以助消化药物为主。每群蜂用复方维生素 B 20 片、食母生（酵母片）10片、多酶片 1 片研碎，加入适量的 1:1 糖浆中，充分搅匀后喂蜂，每天饲喂 1 次，连喂 3~4 天。

【诊治注意事项】

甘露蜜中毒常常发生在早春和晚秋外界蜜源缺乏严重的季节。因此，在外界蜜源缺少时，应及时给蜂群补喂优质糖浆饲料，避免或者减少工蜂出巢采集甘露蜜而引起中毒。

三、茶花蜜中毒

【症状】

茶和油茶种植面积较大，全国各地均有分布，开花期在 10~12月，花期为 50~60 天，开花就泌蜜，蜜、粉均丰富。中蜂采食后易烂子、死蜂，危害严重，尤其是干旱年份更严重，但不一定每年都有发生。

油茶花蜜和茶花蜜对人无毒。中蜂中毒主要是因茶花蜜和油茶花蜜中含有生物碱和寡糖、半乳糖等多糖类成分，而中蜂幼虫没有分解、消化、吸收这些物质的能力，所以易引起中蜂幼虫生理障碍，致使其中毒死亡。

油茶花蜜中含有对中蜂个体具有毒性的物质，工蜂采食后出现腹部膨胀、丧失飞翔能力等症状，成蜂在地面上爬行（图 7-7），即将封盖的幼虫或已封盖的大幼虫会因中毒而大批死亡，幼虫尸体呈灰白色或乳白色且瘫在房底，散发出一股酸臭味。中毒严重的蜂群会出现群势下降，靠近蜂箱或打开蜂箱大盖就会闻到一股酸臭味。

图 7-7 茶花蜜中毒的中蜂

【预防措施】

在茶花流蜜盛期，一般 3～4 天就应取蜜 1 次，并每隔 3～4 天喷喂 1 次 1:1 的解毒糖浆。在茶花、油茶花单一面积大的蜜源区，对蜂群可采用单箱分区管理。将巢箱用铁纱网隔离板分成两区，把蜂群中的蜜粉脾和适量的空脾连同蜂王带蜂提到巢箱其中一区，组成繁殖区；将余下的虫卵脾和其他蜂脾提到另一区内，组成采蜜区。用纱布将巢箱盖上，在隔离板和纱布盖之间留 0.5 厘米的距离，保证工蜂通过，而蜂王不能通过，巢门开在采蜜区。当繁殖区缺花粉时，在 10:00 前打开巢门 1～2 小时，每隔 1～2 天对繁殖区用 1:1 的糖浆进行补饲，保证繁殖区饲料充足。

【中毒处理】

中蜂发生茶花蜜中毒后，应立即采用分区饲养管理和药物解毒相结合的措施，以减轻中毒程度。具体方法是：在蜂群的繁殖区每天傍晚用含有少量糖浆的解毒药物（0.1%的多酶片、1%乙醇以及0.1%大黄苏打加水适量）喷洒，隔天再饲喂1:1的糖浆或蜜水，并注意补充适量的花粉。

【诊治注意事项】

对于已经断子而巢内贮藏大量茶花蜜的蜂群，要及时摇出脾蜜，补喂优质蜜，以免在气温突然下降或转地途中蜜蜂大量吸食茶花蜜而引起中毒。

四、枣花蜜中毒

【症状】

在我国北方，枣花盛开的时候正值夏季，天气干旱晴朗，温度较高，而蜂群繁殖已达极盛，具有非常好的采集能力。此时，若蜂群管理不当，就会发生较严重的生物碱中毒现象，俗称"枣花病"，也叫"蹦蜂病"。

工蜂采集枣花蜜中毒后，身体发抖，肢体失去平衡，腹部膨大，失去飞行能力，在巢门外做跳跃式爬行。中毒较重的病蜂常仰卧在地，吻伸出，双翅张开，四肢抽搐，对外界刺激反应迟钝，腹部勾曲，最后痉挛而死。巢门前死蜂遍地，大部分死蜂腹部空虚（图7-8）。

图7-8 枣花蜜中毒死亡的工蜂

【预防措施】

（1）遮阴通风 蜂箱排列不可过于拥挤，整个蜂场最好处于浓厚的树荫之下（图7-9），并且有良好的通风效果，箱底和箱盖的通风装置应适度开启。无树荫条件的要用草帘为蜂箱遮阴，要保证草帘与箱盖之间有 15 厘米的通风空间，严禁烈日直接暴晒蜂箱。

图 7-9 蜂箱摆在树荫下面

（2）场地洒水增湿 蜂箱前后及左右泼洒清洁的自来水，对容易被暴晒的蜂箱前面 50 厘米地面应重复泼洒，使其处于湿润状态，以避免热气浪熏蒸蜂箱。这样可减少蜜蜂大量的扇风降温，同时也可有效地减轻内勤蜂和外勤蜂的劳作强度。

【中毒处理】

一是每天在框梁和蜂路上洒一点 2% 的淡盐水，同时在蜂场内增设喂水器，在喂水器中加入 2% 的食盐水，以满足中毒蜜蜂对钠离子的需要，增强蜜蜂的排毒解毒功能；二是用甘草水（或生姜水）配成糖浆，也可用酸性糖浆（在 1:1 的糖浆中加入 0.1% 的柠檬酸或 5% 的醋酸）饲喂蜂群，起到预防和减轻中毒的作用；三是在枣花期前选择蜜粉源较充足的场地放蜂，使蜂群有大量花粉，以备进入枣花期供蜂群食用，可减轻蜜蜂中毒程度。

【诊治注意事项】

枣花蜜使中蜂中毒的主要原因是枣花中含有钾离子、枣花碱以及外界持续高温，因此在中蜂采集枣花蜜的过程中，每天应给蜂群喷洒淡盐水、醋酸或柠檬酸，同时注意防暑降温。

五、有毒蜜源植物中毒

蜜源植物中毒一般只局限于某些地方，对蜂群的危害相对于农药较轻，但也会给蜂群带来严重损失。在蜜粉源植物中，少数种类的花蜜或花粉对中蜂或人有毒，称为有毒蜜粉源植物。蜜蜂采食有毒花蜜和花粉，能使成蜂、幼虫和蜂王发病、致残或死亡，给养蜂生产造成损失；若人误食有毒蜂蜜和花粉，也可能中毒、致病或死亡。

【症状】

中蜂中毒后，从卵的孵化至幼蜂出房均可发生死亡。死亡的幼虫不呈现棕色或者黑色。蜂王有时也会发生植物中毒，中毒蜂王产的卵不能孵化，或孵化后的幼虫很快会死亡。不同的植物中毒对蜂群造成的影响不同，所表现出来的症状也不尽相同，详见"第七章我国主要有毒蜜源植物"部分的相关介绍。

【预防措施】

（1）**加强预防** 蜂群花蜜或者花粉中毒，常常发生在天气干旱，气温较高，蜜源缺乏的季节，要加强预防。

（2）**正确选择放蜂场地** 在将蜂群转运到某个蜂场时，应对周围蜜源植物进行调查，尽量避开在有有毒蜜源植物生长的地方放蜂。

【中毒处理】

如果遇到工蜂采集到有毒蜜源植物而发生中毒现象，应及时取出采回来的有毒蜜、粉，给蜂群饲喂优质饲料、解毒剂和酸饲料等，以减轻对蜂群的毒害（图7-10）；将蜂群中的蜜粉脾抽出，补饲糖浆，并加入适量甘草、金银花溶液；如果中毒严重，应将蜂群中的巢脾全部抽走，调入正常蜂群的子脾，并将蜂群搬离到 5 千米以外的地区进行生产。

图 7-10　给蜂群饲喂解毒剂

【诊治注意事项】

蜜粉源缺乏季节给蜂群补充足够的饲料，减少工蜂外出采集；在选择放蜂场地时，尽量避开有有毒蜜源植物开花的地方作为放蜂场地。如果有毒蜜源植物对人有害而对蜂群无害，不能将取得的蜂蜜进行销售，应留作蜂群饲料。如果有毒蜜源植物对蜂群有害，应及时将采集到的有毒蜜取出，补充其他优质饲料。

六、我国主要有毒蜜源植物

1. 博落回

博落回为罂粟科多年生草本植物，俗名号筒秆、黄薄荷，分布于低山、丘陵、山坡、草地、林缘或荒地，我国湖南、湖北、江西、浙江、江苏等省均有分布。博落回花期在 6～7 月，蜜少粉多，对中蜂和人均有剧毒（图 7-11）。

图7-11 博落回

2. 藜芦

藜芦为百合科多年生草本植物，俗名大芦藜、老旱葱、黑藜芦，分布于林缘、山坡、草甸，通常成片生长（图7-12），在我国主要分布于

图7-12 藜芦

东北林区。东北林区藜芦花期为 6 月中旬 ~7 月，蜜粉丰富，对中蜂和人均有毒，工蜂采食后抽搐、痉挛，有的来不及返巢便死于花下。

3. 喜树

喜树为紫树科落叶乔木（图 7-13），俗名旱莲木、千丈树，多生于海拔 1000 米以下的溪流两岸、山坡、谷地、庭园、路旁土壤肥沃湿润处，在我国主要分布于浙江、江西、湖南、湖北、四川、云南、贵州、广西、广东、福建等地。喜树花期在 7 ~8 月，对中蜂和人均有毒。蜜蜂采食头几天蜂群无明显变化，12 天后，中毒幼蜂遍地爬行，幼虫和蜂王也开始死亡，群势急剧下降，危害极为严重。

图 7-13 喜树

4. 苦皮藤

苦皮藤为卫矛科藤本灌木（图 7-14），俗名苦树皮、棱枝南蛇藤、马断肠。苦皮藤生长于海拔 400 ~3600 米的山地疏林、灌丛中的湿润处，常和白刺花等混生，分布于甘肃、陕西、河南、四川、湖南、湖北等地。秦岭山区苦皮藤花期为 5 月下旬 ~6 月上旬，正值白刺花蜜源尾期，花粉呈浅灰色，数量较多，花蜜水白透明、质地浓稠。苦皮藤花蜜、粉对中蜂有毒，工蜂采食后腹部胀大，身体痉挛，尾部变黑，吻伸出呈钩状死亡。

图7-14　苦皮藤

5. 八角枫

八角枫为八角枫科灌木或小乔木（图7-15），俗名包子树。八角枫生于溪边、旷野及山坡阴湿的杂木林中，分布于我国长江和珠江流域各地。八角枫花期在6~7月。八角枫含有八角枫京、八角枫酰胺、八角枫辛、八角枫碱等，蜜、粉对中蜂和人均有毒。

图7-15　八角枫

6. 羊踯躅

羊踯躅为杜鹃花科灌木（图7-16），俗名闹羊花、黄杜鹃、老虎花。羊踯躅喜酸性土壤，多生于山坡、石缝和灌丛中，分布于我国江苏、浙江、江西、湖南、湖北、四川、云南等地。羊踯躅花期在4～5月。羊踯躅含杜鹃花素和石楠素等，花蜜和花粉有毒，对中蜂和人均有危害。

图7-16 羊踯躅

7. 曼陀罗

曼陀罗为茄科直立草本（图7-17），俗名醉心草、狗核桃。曼陀罗

图7-17 曼陀罗

生长于山坡、草地、路旁、溪边，在海拔1900~2500米处较多，通常栽培于庭园，分布于我国东北、华东、华南等地。曼陀罗花期在6~10月。曼陀罗含有莨菪碱、阿托品、东莨菪碱等，花蜜和花粉对中蜂和人均有毒。

8. 乌头

乌头为毛茛科多年生草本（图7-18），俗名草乌、老乌。乌头生长于山坡、林缘、草地、沟边、路旁，分布于我国东北、华北、西北和长江以南各地。乌头花期在7~9月。乌头含有乌头碱、中乌头碱等，花蜜和花粉对中蜂和人均有毒。

图7-18 乌头

9. 钩吻

钩吻，又称胡蔓藤、断肠草、烂肠草、朝阳草等，全株剧毒，对人有毒，对蜂群无害（图7-19），多生长于阳光充足的灌木林中或山地路边草丛。钩吻数量少且分布星散，在福建，开花泌蜜期在10月~第二年1月。

图 7-19 钩吻

10. 雷公藤

雷公藤属卫矛科，别名黄藤根、黄药、水莽草等（图 7-20），在福建于 5 月底开始开花，6 月中下旬盛花。雷公藤全株剧毒，主要有毒成分是雷公藤碱。从雷公藤花上采集的蜜对人有毒，而对蜂群无害。

图 7-20 雷公藤

11. 云南秋海棠

云南秋海棠为雷公藤属，卫矛科，俗名白背雷公藤、山砒霜、鸭子药（图7-21），分布于我国云南、广西、湖南、湖北、安徽、江西、浙江、福建等地，对人有毒，对蜂群无害。

图7-21　云南秋海棠

参 考 文 献

[1] 张中印，陈崇羔. 中国实用养蜂学 [M]. 郑州：河南科学技术出版社，2003.

[2] 吴杰. 蜜蜂病敌害防治手册 [M]. 北京：中国农业出版社，2000.

[3] 陈大福，吴忠高. 蜜蜂病敌害防治指南 [M]. 北京：中国农业科学技术出版社，2014.

[4] 陈渊. 漫谈中蜂及其中蜂囊状幼虫病 [J]. 蜜蜂杂志，2018，38（3）：26-27.

[5] 王瑞生. 规模化中蜂场非药物防治中蜂囊状幼虫病的方法 [J]. 蜜蜂杂志，2019，39（1）：14-15.

[6] 汤正旭，孙红艳，陈琳，等. 一例慢性蜜蜂麻痹病的诊断报告 [J]. 畜牧兽医科技信息，2019（10）：172.

[7] 韩学忠，韩杰. 浅谈蜜蜂麻痹病及防治 [J]. 中国蜂业，2018，69（2）：41-42.

[8] 刘正忠. 中蜂欧洲幼虫腐臭病的诊断与防治 [J]. 中国蜂业，2017，68（1）：38.

[9] 张其安，王娟，杨少波. 蜜蜂细菌性疾病及其防治的研究进展 [J]. 中国蜂业，2011，62（4）：25-30.

[10] 张素贞，何超，王艳丽，等. 重庆地区蜜蜂微孢子虫的鉴定及分子遗传多样性分析 [J]. 西南农业学报，2015，28（5）：2323-2330.

[11] 许瑛瑛，王帅，张迎迎，等. 感染蜜蜂的两种微孢子虫—Nosema apis 和 Nosema ceranae [J]. 应用昆虫学报，2018，55（4）：549-556.

[12] 许瑛瑛，胡福良，陈大福，等. 蜜蜂孢子虫病的检测与防治研究进展 [J]. 中国蜂业，2018，64（1）：64-68.

[13] 孙启跃. 蜜蜂孢子虫病的诊断与防治 [J]. 中国畜禽种业，2012，8（11）：24.

[14] 王志，牛庆生，张发，等. 蜜蜂微孢子虫对蜜蜂越冬的影响 [J]. 蜜蜂杂志，2015，35（3）：10-13.

[15] 吴杰，项勋，赵屹钦，等. 微孢子虫研究进展 [J]. 动物医学进展，2017，38（6）：78-81.

[16] 郑寿斌，和静芳，苏松坤，等. 东方蜜蜂微孢子虫对中华蜜蜂的感染性和寿命的影响 [J]. 中国蜂业，2017，68 (6)：13-15.

[17] 杨习轩. 用中草药防治爬蜂病 [J]. 蜜蜂杂志，2018，38 (4)：21.

[18] 李华州. 谈蜜蜂饲养的3个爬蜂高峰与防治方法 [J]. 蜜蜂杂志，2016，36 (10)：35-36.

[19] 王志，牛庆生，王进州，等. 蜜蜂爬蜂综合征致病因素调查及防治 [J]. 蜜蜂杂志，2016，36 (6)：7-9.

[20] 梁勤，陈大福. 蜜蜂保护学 [M]. 北京：中国农业出版社，2009.

[21] 杜桃柱，姜玉锁，蜜蜂病敌害防治大全 [M]. 北京：中国农业出版社，2003.

[22] 刘奇志，田里. 国内外大蜡螟防治方法研究现状 [J]. 安徽农业科学，2008，36 (13)：5495-5496.

[23] 刘瑞，刘奇志. 国内外大蜡螟研究与产业发展现状及展望 [J]. 中国农学通报，2015，31 (28)：280-284.

[24] 赵晴，李静，陆秀君，等. 大蜡螟抗菌物质的抑菌活性检测及其初步分离 [J]. 中国农学通报，2009，25 (13)：166-170.

[25] 朱事康，于飞，周宇，等. 检疫害虫蜂房小甲虫研究进展 [J]. 广东农业科学，2011，38 (22)：66-67.

[26] 郭亚惠，杨华，叶军. 蜂巢小甲虫发展现状以及对我国养蜂业的影响 [J]. 蜜蜂杂志，2019，39 (7)：17-20.

[27] 李铁生. 中国经济昆虫志：胡蜂总科 [M]. 北京：科学出版社，1982.

[28] 谭江丽，ACHTERBERG C V，陈学新. 致命的胡蜂：中国胡蜂亚科 [M]. 北京：科学出版社，2015.

[29] HUANG S W, SHENG P, ZHANG H Y. Isolation and Identification of Cellulolytic Bacteria from the Gut of *Holotrichia parallela* Larvae (Coleoptera：Scarabaeidae) [J]. International Journal of Molecular Sciences, 2012, 13 (3)：2563-2577.

[30] TAN J L, CARPENTER J M, ACHTERBERG C V. An illustrated key to the genera of *Eumeninae* from china, with a checklist of species (*Hymenoptera*, *Vespidae*) [J]. Zookeys, 2018 (1)：109-149.

[31] TAN J L, CARPENTER J M, ACHTERBERG C V. Most northern Oriental distribution of Zethus Fabricius (Hymenoptera, Yespidae, Eumeninae), with a new

species from China［J］. Journal of Hymenoptera Research, 2018, 62（2）: 1-13.

［32］ARCHER M E. Taxonomy, distribution and nesting biology of species of the genera *Provespa* Ashmead and Vespa Linneaus（*Hymenoptera, Vespidae*）［J］. The Entomologist's Monthly Magazine, 2008, 144: 69-101.

［33］王桂芝, 娄德龙, 王士强, 等. 高温季节如何防止蜜蜂热伤衰落［J］. 中国蜂业, 2019, 70（8）: 28.

［34］范克明. 高温季节中蜂群怎样管理［J］. 蜜蜂杂志, 2017, 37（6）: 17.

［35］范克民, 王双进. 谈高温季节定地饲养中蜂的管理［J］. 蜜蜂杂志, 2011, 31（6）: 22.

［36］牛德芳. 低温24℃对蜜蜂工蜂封盖子发育的影响［D/OL］. 福州: 福建农林大学, 2011［2011-04-01］. http: //kns. cnki. net/kns/detail/detail. aspx? FileName = 1016180895. nh&DbName = CMFD2016.

［37］曹义锋, 余林生, 毕守东, 等. 温度对蜜蜂影响的研究进展［J］. 蜜蜂杂志, 2007, 27（4）: 13-15.

［38］张大利. 如何及早发现和处理工蜂产卵［J］. 中国蜂业, 2018, 69（9）: 34-35.

［39］蔡呈贵. 工蜂产卵的起因、危害及处置［J］. 中国蜂业, 2017, 68（5）: 35.

［40］胡佑志. 蜜蜂下痢的防治［J］. 蜜蜂杂志, 2018, 38（9）: 14.

［41］胡福良, 黄坚. 蜜蜂农药中毒防治措施［J］. 蜜蜂杂志, 2009, 29（12）: 26.

［42］倪世俊. 茶花盛开时防蜜蜂中毒［J］. 蜜蜂杂志, 2014, 34（8）: 3.

［43］方文富. 12种有毒蜜粉源植物及预防中毒措施［J］. 中国蜂业, 2007, 58（3）: 24.

［44］兰祖铨. 蜜蜂花粉中毒的诊断及救护［J］. 蜜蜂杂志, 2009, 29（10）: 38.

［45］郭冬生. 蜜蜂采集油茶蜜粉时蜂群的状况分析［J］. 黑龙江畜牧兽医, 2014（12）: 125-126.

［46］张大利. 如何预防和处理甘露蜜中毒［J］. 中国蜂业, 2018, 69（11）: 22-23.

［47］陈顺安, 黄新球, 张强, 等. 云南有毒蜜粉源区蜂蜜中的主要有毒生物碱分析［J］. 中国食品学报, 2018, 18（6）: 330-337.

［48］夏树村. 中蜂农药中毒的诊治及预防措施［J］. 养殖与饲料, 2018 (4)：84.

［49］路霞, 刁焕行, 成杰. 蜜蜂枣花中毒和大肠杆菌病混合感染的诊治［J］. 畜牧兽医科技信息, 2017 (6)：123-124.

［50］任春宇, 李永宾. 浅谈蜜蜂中毒与防控方法［J］. 中国蜂业, 2017, 68 (6)：32.

［51］胡元强. 蜜蜂花粉中毒症状及抢救预防措施［J］. 中国蜂业, 2016, 67 (10)：31-32.

［52］张燕新, 张学文, 杨娟, 等. 油茶花蜜期不同饲喂条件对蜜蜂体内乙酰胆碱酯酶活性的影响［J］. 江苏农业科学, 2016, 44 (6)：358-360.

［53］陈浩祥. 预防枣花期蜜蜂生物碱中毒的措施［J］. 蜜蜂杂志, 2014, 34 (7)：18.

［54］苍涛, 王彦华, 俞瑞鲜, 等. 蜜源植物常用农药对蜜蜂急性毒性及风险评价［J］. 浙江农业学报, 2012, 24 (5)：853-859.

书 目

书 名	定价	书 名	定价
高效养土鸡	29.80	高效养肉牛	29.80
高效养土鸡你问我答	29.80	高效养奶牛	22.80
果园林地生态养鸡	26.80	种草养牛	39.80
高效养蛋鸡	19.90	高效养淡水鱼	29.80
高效养优质肉鸡	19.90	高效池塘养鱼	29.80
果园林地生态养鸡与鸡病防治	20.00	鱼病快速诊断与防治技术	19.80
家庭科学养鸡与鸡病防治	35.00	鱼、泥鳅、蟹、蛙稻田综合种养一本通	29.80
优质鸡健康养殖技术	29.80	高效稻田养小龙虾	29.80
果园林地散养土鸡你问我答	19.80	高效养小龙虾	25.00
鸡病诊治你问我答	22.80	高效养小龙虾你问我答	20.00
鸡病快速诊断与防治技术	29.80	图说稻田养小龙虾关键技术	35.00
鸡病鉴别诊断图谱与安全用药	39.80	高效养泥鳅	16.80
鸡病临床诊断指南	39.80	高效养黄鳝	25.00
肉鸡疾病诊治彩色图谱	49.80	黄鳝高效养殖技术精解与实例	25.00
图说鸡病诊治	35.00	泥鳅高效养殖技术精解与实例	22.80
高效养鹅	29.80	高效养蟹	25.00
鸭鹅病快速诊断与防治技术	25.00	高效养水蛭	29.80
畜禽养殖污染防治新技术	25.00	高效养肉狗	35.00
图说高效养猪	39.80	高效养黄粉虫	29.80
高效养高产母猪	35.00	高效养蛇	29.80
高效养猪与猪病防治	29.80	高效养蜈蚣	16.80
快速养猪	35.00	高效养龟鳖	19.80
猪病快速诊断与防治技术	29.80	蝇蛆高效养殖技术精解与实例	15.00
猪病临床诊治彩色图谱	59.80	高效养蝇蛆你问我答	12.80
猪病诊治160问	25.00	高效养獭兔	25.00
猪病诊治一本通	25.00	高效养兔	35.00
猪场消毒防疫实用技术	25.00	兔病诊治原色图谱	39.80
生物发酵床养猪你问我答	25.00	高效养肉鸽	29.80
高效养猪你问我答	19.90	高效养蝎子	25.00
猪病鉴别诊断图谱与安全用药	39.80	高效养貂	26.80
猪病诊治你问我答	25.00	高效养貉	29.80
图解猪病鉴别诊断与防治	55.00	高效养豪猪	25.00
高效养羊	29.80	图说毛皮动物疾病诊治	29.80
高效养肉羊	35.00	高效养蜂	25.00
肉羊快速育肥与疾病防治	35.00	高效养中蜂	25.00
高效养肉用山羊	25.00	养蜂技术全图解	59.80
种草养羊	29.80	高效养蜂你问我答	19.90
山羊高效养殖与疾病防治	35.00	高效养山鸡	26.80
绒山羊高效养殖与疾病防治	25.00	高效养驴	29.80
羊病综合防治大全	35.00	高效养孔雀	29.80
羊病诊治你问我答	19.80	高效养鹿	35.00
羊病诊治原色图谱	35.00	高效养竹鼠	25.00
羊病临床诊治彩色图谱	59.80	青蛙养殖一本通	25.00
牛羊常见病诊治实用技术	29.80	宠物疾病鉴别诊断与防治	49.80

规范的饲养与管理流程、精细化的操作步骤，手把手教你如何养蜂

ISBN：978-7-111-60844-8

定价：59.80 元

实操视频、双色印刷

技巧提示、典型案例

中国养蜂学会推荐用书

ISBN：978-7-111-59543-4

定价：39.80 元

采用图说的形式，详细介绍了我国中蜂的饲养与管理技术、主要病敌害的防治技术等

ISBN：978-7-111-57706-5

定价：35.00 元

穿插养蜂实际中常见到的问题、经验、技巧、窍门、注意事项等小栏目，双色印刷

ISBN：978-7-111-44796-2

定价：25.00 元

以问答形式阐述蜜蜂养殖过程中的常见问题

ISBN：978-7-111-50034-6

定价：19.90 元

国家现代农业蜂产业技术体系研究成果，中国养蜂学会中蜂饲养技术推荐用书，双色印刷

ISBN：978-7-111-52936-1

定价：25.00 元